U0010585

鬃獅蜥

飼養環境、餵食、繁殖、健康照護一本通！

菲利浦‧玻瑟（Philip Purser）◎著

蔣尚恩◎譯

晨星出版

目錄

第一章

認識
鬆獅蜥

如果你問世界上最棒的寵物蜥蜴是誰，答案有很多個，有些人喜歡樹棲型守宮，牠們有黏黏的吸盤以及眨都不眨的眼睛，而草食性的綠鬣蜥擁有舉世無雙的鮮豔祖母綠以及藍寶石般的色澤，是許多人心目中的寶貝，也有一些人會推薦巨蜥，強而有力的爪子和能撕裂血肉的利齒，讓牠們成為肉食蜥蜴中的王者，雖然這些蜥蜴各有魅力，但真正的答案仍然毫無疑問：鬆獅蜥。

寵物市場上的鬃獅蜥

　　鬃獅蜥（*Pogona vitticeps*）來自澳洲東南部的沙漠和半乾旱灌叢地帶，具備爬蟲愛好者喜歡的各項優點：像恐龍的外表、易於照顧、性格溫馴、體型適中、體魄強健。鬃獅蜥的英文為 Bearded dragon，顧名思義是「下巴長鬍子的龍」，而另一個更親切的名字是 beardie（絡腮鬍）。直到 1990 年代初期才出現在美國的寵物市場，而後迅速席捲整個國家，在寵物店、兩棲爬蟲展、網路商店都能找到。隨著人工繁殖的普及，這些可愛小蜥蜴的販售價格每年愈來愈便宜，每次繁殖季過後，選育繁殖還會產生出更多特殊的色彩變異，例如淡彩鬃獅蜥，具有橘色的頭部和蒼白如鬼魂 般的身體。

爬蟲愛好者和商業繁殖者繁殖數以千計的鬃獅蜥，以供應市場需求。

　　大約十多年前，當別人聽到你養的寵物是鬃獅蜥時，一定會露出疑惑的眼光，然而感謝爬蟲愛好者和專業繁殖者的努力不懈，現今鬃獅蜥已經是很普遍的寵物。但就算是最完美的寵物蜥蜴也無法在人工環境中照顧自己，為了能在人工環境中成長茁壯，完美的蜥蜴還得由完美的飼主照顧。當你購買蜥蜴的同時，必須要了解這意味著長期（以鬃獅蜥來說可以長達 10 至 12 年）的餵食、加熱、照光和清潔工作，因為寵物的生活所需全部都要仰賴飼主，但是不應該把這

些責任當作是苦差事，反該當作是與爬蟲夥伴一起冒險、享受生活的樂趣，畢竟買了一隻鬃獅蜥不正是要享受這甜蜜的負擔嗎？

鬃獅蜥的種類

「鬃獅蜥」這個名字在寵物市場中主要指的是 *Pogona vitticeps*，內陸鬃獅蜥（Inland bearded dragon），另外還有其

給你和你的小恐龍

寫這本書是為了要盡我所能幫助你和你的鬃獅蜥，我曾經長時間飼養過包括鬃獅蜥在內的爬蟲類，你可以從本書中學到提升鬃獅蜥生活水準的小提示、密技以及經過時間檢驗的實用招式，本書中的資訊將有助於你給予鬃獅蜥最棒的照顧。

東部鬃獅蜥與常見的內陸鬃獅蜥外表非常像。

他習性和生活方式與內陸鬃獅蜥相似的鬃獅蜥。鬃獅蜥屬於飛蜥科（Agamidae），幾種廣為人知的蜥蜴，包括刺尾飛蜥（uromastyx）、長鬣蜥（water dragon）和有著惡魔長相的澳洲魔蜥（thorny devil）也都屬於飛蜥科。鬃獅蜥屬（*Pogona*，原屬於 *Amphibolurus*）包含八種蜥蜴，其中有四種出現在美國寵物市場，只有兩種屬於常態性販售。鬃獅蜥屬全員都是熱愛太陽、喜歡溫度、住在乾燥地帶的雜食性動物，對於外行人來說，很難看出牠們之間的差別，為了方便說明，以下物種介紹將按照拉丁學名的字母排序。

學名

　　你可能已經注意到在動物的名字後面有時會加上斜體字，這就是學名。每種動物只會有一個，生物學家根據該種與哪個類群的動物比較接近來決定學名。

學名分為兩個部分：第一部分稱為屬名，第二部分則是種小名，每種動物都有自己的獨特的屬名和種小名組合，學名讓世界各地的科學家可以討論特定動物，而不需要擔心語言隔閡或是與其他相近的動物混淆。

　　學名通常在第一次出現之後改用縮寫，屬名以首位字母表示，因此當介紹完鬃獅蜥的學名 *Pogona vitticeps* 之後，就可以用 *P. vitticeps* 來表示，如果作者要討論的是整個屬的蜥蜴，他就可以直接用 *Pogona*，不需要加上種小名。

　　兩棲爬蟲類和魚類的愛好者經常使用學名。

東部鬃獅蜥
Pogona barbata

　　東部鬃獅蜥（Coastal bearded dragon）是體型最大的鬃獅蜥，全長可達 23 至 25 英吋（58.4 至 63.5 公分），當然有超過一半是尾巴；體長很少超過 10 至 11 英吋（25.4 至 27.9 公分）。東部鬃獅蜥分布在澳洲東部和東南部沿岸，是一種半樹棲型蜥蜴，常出現在住宅區和商業區，經常可以在原生地的公園、高速公路邊和後院遇見牠們。東部鬃獅蜥雖然不是本書的主角，但不管是體型、習性、食物等等都與 *P. vitticeps* 太相似了，因此養起來幾乎沒什麼差別，甚至像到你可能買了一隻東部鬃獅蜥回家，把它當成內陸鬃獅蜥養了好幾年也不會發現異樣，飼養這兩種鬃獅蜥唯一的差異是，東部鬃獅蜥根據原生地的地理位置不同，可能需要稍高的相對濕度，有些飼主也發現牠們比內陸鬃獅蜥更耐寒。

侏儒鬃獅蜥
Pogona henrylawsoni

　　另一個迷人的物種是侏儒鬃獅蜥（Lawson's dragon），表現出的沙棕色和卡其色調一般來說比其他鬃獅蜥淺很多，說來奇怪，侏儒鬃獅蜥實際上根本沒有「鬍子」可言。侏儒鬃獅蜥是鬃獅蜥家族裡體型較小的成員之一，就算是體型較大的成體全長也很少超過 10 至 11 英吋（25.4 至 27.9 公分）。棲息在昆士蘭中部和北領地外圍的沙漠和山坡灌叢，侏儒鬃獅蜥是日行性雜食性蜥蜴，靠著銳利的視力和迅捷的移動速度捕捉獵物，同時也避免自己被吃掉。由於侏儒鬃獅蜥是第二受歡迎的鬃獅蜥，因此成為第八章的主題。

吻肛長 SVL

　　吻肛長（snout-to-vent length）是兩棲爬蟲常用的測量方式，代表動物從鼻尖經腹部到泄殖腔的長度，不包含尾巴，因為許多蜥蜴（對於蛇和蠑螈比較沒影響）曾經斷尾，若包含尾巴長度則會讓人對動物真實的大小和年齡產生錯誤印象。

德萊斯戴爾河鬃獅蜥
Pogona microlepidota

　　第三種則是德萊斯戴爾河鬃獅蜥（Drysdale River bearded dragon），平均體長最大達 4.5 至 5.5 英吋（11.4 至 14 公分），這種小型鬃獅蜥只分布在澳洲西北部的一小塊區域，緊鄰德萊斯戴爾河流域，由於分布範圍有限（還有事實上科學界對於本種的了解比其他鬃獅蜥少很多），澳洲政府對於德河鬃獅蜥的保護非常嚴格（以及其他本土野生動物），因此不太可能在寵物市場上看到。德河鬃獅蜥喜歡在倒木和濃密灌叢上曬太陽，這種迅速、纖細的蜥蜴比起牠的表親偏向食用更多昆蟲；實際上昆蟲可能佔了牠們一輩子吃下食物中的 85％，由於本種在原生範圍外出現的機率實在太小了，因此許多爬蟲愛好者會每年到德萊斯戴爾河區域旅行，希望能一瞥橫越高速公路或是在石頭上曬太陽的身影。

西部鬃獅蜥是比較小型
的鬃獅蜥，幾乎沒有商
業買賣。

西部鬃獅蜥
Pogona minima

　　西部鬃獅蜥（Western bearded dragon）是鬃獅蜥家族中另一個瘦小
的成員，但由於牠的最大吻肛長可超過 6 至 7 英吋（15.2 至 17.8 公
分），因此還是明顯比德河鬃獅蜥大。如同俗名所示，西部鬃獅蜥的分
布範圍橫跨澳洲西部和西南端，不要將牠與迷你鬃獅蜥搞混了，雖然第
一眼看起來非常像，但是西部鬃獅蜥的後頸處左右各有一道棘刺；迷你
鬃獅蜥則沒有這樣的棘刺。西部鬃獅蜥是機會主義者，牠們迅捷的移動
速度和銳利的視力是為了追捕昆蟲獵物所產生的適應演化，多汁的花、
花苞以及其他多肉植物也是牠們眼裡的珍饈。跟德河鬃獅蜥一樣，西部
鬃獅蜥極少出口，因此假如你見到販售的個體很可能是非法採集而來，
購買之前務必要再三確認動物的來源，我們都不會想要支持非法採集野
生動物。

迷你鬃獅蜥
Pogona minor

　　迷你鬃獅蜥（Dwarf bearded dragon）的體型大約與西部鬃獅蜥差

不多，分布範圍從澳洲西部海岸一路延伸到大陸中心，吻肛長可達 6 至 7.5 英吋（15.2 至 19.5 公分），迷你鬃獅蜥是一種適應各類型棲地的物種，牠們生活在森林、灌木林、岩石坡、沙漠、綿延的草地，事實上差不多是牠們廣闊的分布範圍內的所有棲地了。跟先前提到的鬃獅蜥一樣，迷你鬃獅蜥是敏捷的雜食性動物，食物包含無脊椎動物、花朵及嫩葉。儘管迷你鬃獅蜥在野外不常見到，但牠們的數量並不稀少，其實還滿普遍的；只因為牠們的躲藏技巧太好，以至於很少人能在野外見到。

米切爾鬃獅蜥
Pogona mitchelli

　　米切爾鬃獅蜥（Mitchell's bearded dragon）是體型最小的鬃獅蜥之一，吻肛長很少超過 5 至 6 英吋（12.7 至 15.2 公分）。米切爾鬃獅蜥可在澳洲中部和西部發現，大致上與迷你鬃

內陸鬃獅蜥棲息在多種棲地，包括樹林、灌叢地和沙漠。

購買前想一想

　　鬃獅蜥和其他兩棲爬蟲動物都不是那種可以一時衝動購買的寵物，人工飼養必須滿足牠們特殊的需求，雖然如此，牠們還是很好照顧的種類，而且生命力強韌，因此是新手飼主極佳的選擇，前提是飼主做好充足的準備。

壽命

鬆獅蜥在野外可以存活三至六年，少數個體可以活得更久。壽命那麼短主要是因為被捕食；鬆獅蜥出現在澳洲許多掠食者的菜單上，然而人工飼養的鬆獅蜥在給予細心的照料和適當的營養下可以活十至十二年。

獅蜥的分布範圍重疊，在牠們共域的範圍內，一些專家懷疑兩種可能會雜交，但仍然需要更多研究才能得知真相。由於這種鬆獅蜥只有在三十年前被科學家描述過，為了要了解牠們，必須有更多的研究。雖然米切爾鬆獅蜥長得和迷你鬆獅蜥很像，但可以利用下顎和頭部連續的錐狀棘刺辨別。這種雜食性動物在人工環境適應得不錯，只要提供寬廣的半乾旱籠舍和充足的攀枝。

條紋鬆獅蜥
Pogona nullarbor

如果有鬆獅蜥的選美比賽，那麼冠軍一定就是條紋鬆獅蜥（banded bearded dragon），*P. nullarbor* 又稱為納拉伯平原鬆獅蜥（Nullarbor Plains dragon）。本種吻肛長很少超過 5 至 6 英吋（12.7 至 15.2 公分），是鬆獅蜥裡面花紋最強烈的一種，從後頸延伸到尾巴，均勻的象牙白橫條紋就像是穿著閃耀的大衣一樣。牠們只出現於澳洲中部偏南的納拉伯平原中的狹小範圍，生活在尤加利樹林、海岸林還有沙地中。雖然在美國和歐洲寵物市場還不常見到，但如果大量引進的話鐵定會大受歡迎。條紋鬆獅蜥不只擁有美貌，還熱愛吃東西，同時兼具內陸鬆獅蜥擁有的和善行為與無窮魅力。

內陸鬆獅蜥
Pogona vitticeps

內陸鬆獅蜥是本書的主角，平常在講的鬆獅蜥就是牠，本種在寵物市場的數量非常多，通常可達吻肛長 7 至 8 英吋（17.8 至 20.3 公分），

身體總長可達 22 英吋（55.9 公分），其中尾巴佔了一大半。內陸鬃獅蜥原生於澳洲中部偏東區域，不論是遙遠的內陸地帶或是中南部沿海的人類城市周圍都有牠們的蹤跡。牠們的棲地非常多樣，包括乾旱與半乾旱的平原、沙漠、森林以及草坡地或碎石山坡，而在住宅區和農場這樣的開發區域，要看到鬃獅蜥也不是什麼難事，可以見到牠們停在籬笆上、攀在屋簷或穀倉牆上、在車道曬太陽或是在停車場邊緣做日光浴。儘管內陸鬃獅蜥明顯比牠們的表親東部鬃獅蜥短很多，卻是所有鬃獅蜥裡面最壯碩的。而應當注意的是，人工飼養的個體一般會發育的比野生個體大，主要是因為缺乏運動和食物太營養所導致。

　　內陸鬃獅蜥是雜食性的機會主義者，會吃掉幾乎是任何面前的小動物或多汁的蔬菜，幼體偏愛小昆蟲、蜘蛛、螞蟻等等，成體會吃小型脊椎動物，例如老鼠、蜥蜴還有一些小型蛇類，隨著年紀增長葷食會吃得愈來愈少；成體的食物組成有將近 70% 是蔬菜。

　　上述的鬃獅蜥種類都屬於野生的，數十年來的人工選育繁殖產生出許多野外看不到的特殊鬃獅蜥，更大的（例如「德國巨人（German Giants）」）、更鮮艷的以及少見的雜交種，全部都是人工繁殖計畫的產物，因此你在寵物市場上能看到的內陸鬃獅蜥的變化遠大於在澳洲看到的野生鬃獅蜥。

寵物龍

　　到底是什麼讓鬃獅蜥如此受到爬蟲玩家喜愛呢？牠們擁有許多有趣又迷人的特質，除了容易照顧之外，鬃獅蜥在兩方面擄獲飼主們的心：型態（morphology），也就是外表，還有行為。

聰明的龍

　　鬃獅蜥是聰明的動物，寵物鬃獅蜥很快就能認得牠的飼主，當你進到房間，看到你的小恐龍衝到籠子前面，渴望被帶出來撫摸、餵食時，也不用覺得太訝異。牠們甚至能夠分辨裝蟋蟀或其他食物的箱子，當看到的時候就會非常興奮。

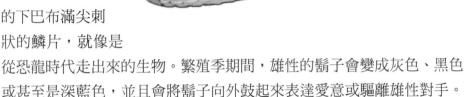

鬚獅蜥的眼瞼有一圈
鱗片，可能與人類的
睫毛有一樣的功能。

型態

　　如同牠的
名字，鬚獅蜥
的下巴布滿尖刺
狀的鱗片，就像是
從恐龍時代走出來的生物。繁殖季期間，雄性的鬍子會變成灰色、黑色
或甚至是深藍色，並且會將鬍子向外鼓起來表達愛意或驅離雄性對手。

　　鬚獅蜥的上半身（頭部、背部、腹部等等）都滿滿覆蓋著細小、圓
錐狀的棘刺鱗片，讓牠擁有非常粗糙堅硬的外表，當然，如果你曾經摸
過鬚獅蜥就會知道這只是假象，那些尖刺鱗片都只是擺好看的，實際上
摸起來非常柔順，牠們光滑的肚子也是同樣的柔軟觸感。曬太陽的時
候，鬚獅蜥會將上半身抬起來，後腿攤開，頭抬高著，眼睛機警的東張
西望（以爬蟲類來說，牠們擁有相當不錯的視力，可以看相當遠的距
離），動也不動地，看起來就像是一名警戒中的冷血衛兵，當飼主走進
房間時，鬚獅蜥銳利的眼睛會立刻注視來者，然後可能會衝向前乞求出
來玩耍或是吃東西。

行為

　　鬚獅蜥不只外表可愛，牠們同時也因為獨特的行為模式而受人喜
愛，許多爬蟲玩家認為牠們的行為舉止很可愛甚至滑稽。

　　揮手　幼年鬚獅蜥以練習揮手聞名，趴在底材或在石頭上曬太陽
時，鬚獅蜥寶寶會沒來由地舉起一隻前腳，把腳爪抬到頭頂上，然後手

普通顏色的鬆獅蜥肩膀上有一塊黑斑，目前還不知道是否在野外有功能。

會一邊抽動一邊慢慢放下，有時在放下前會用手臂畫圈圈，表面上看起來你的小寵物可能是在伸展身體或甚至是對你打招呼。鬆獅蜥在野外是半社會性動物，與同類之間有比較低層級的訊息交流，幼體和雌性可能會用揮手來對附近的其他鬆獅蜥表示服從或不帶敵意的意思。

點頭　跟揮手相反的行為是點頭，當一隻鬆獅蜥快速地點頭，就是在對附近的鬆獅蜥傳達挑戰或警告的訊息，舉例來說，有隻鬆獅蜥坐在一根舒適的樹枝上，而另一隻鬆獅蜥想要這個位置，這時入侵者就會快速點頭下戰帖，如果牠不想將樹枝拱手讓人也會激烈地快速點頭回應。雖然內陸鬆獅蜥不常為了爭奪領域而打鬥，但仍有可能發生，這種支配／服從的肢體語言在爬蟲世界裡並不少見，尤其在鬣蜥和飛蜥類中很普

遍，還有在短吻鱷及長吻鱷中也是。

當雄性朝另一隻體型小很多的雄性點頭時，則會出現相反的狀況。當大隻的雄性發起挑戰時，小隻的雄性會用揮手來表示牠不想惹麻煩，繁殖期間常會發生類似的事件，雄性想與雌性交配時會朝她點頭然後等待，如果雌性用揮手回應，就代表雄性獲得准許了，雖然大部分雄性鬆獅蜥不管雌性猶豫或抗拒都還是會嘗試交配，這些行為在野外和多隻鬆獅蜥養在一起時都會出現。

疊疊樂 　說到群養，當籠舍裡有超過一隻鬆獅蜥時，會出現一種奇怪的現象，也就是疊疊樂。群養的鬆獅蜥會疊在別隻身上，為的是要在籠舍裡最溫暖、明亮的地方曬燈，雖然看起來很可愛，但最好還是提供每隻鬆獅蜥足夠的曬燈空間，否則被壓在下面的那隻將無法獲得足夠的

在最搶手的曬台會看到鬆獅蜥疊成一堆。

紫外線照射，此外，被壓在下面的鬃獅蜥也會難以呼吸。你會看到許多由大疊到小的鬃獅蜥照片，成體壓在最底下，亞成體在中間，幼體在最上面，或許這是個很有趣的畫面，但不同大小的動物絕對不可以養在一起，因為比較小的個體很容易被霸凌或是受傷。

鼓鬍子　鼓起鬍子可以說是鬃獅蜥的招牌動作了，當牠們面對掠食者或其他威脅時，會張大嘴巴，把下巴的尖刺鼓起來，並朝潛在的攻擊者發出嘶嘶聲，整段時間都保持頭抬高加上前半身離開地面的姿勢，擺出威脅姿態，鬍子膨脹成正常大小的好幾倍大，迅速變成黑色或深藍色，讓掠食者誤以為眼前變大的鬃獅蜥是一隻可怕兇猛的野獸，不敢再靠近。但鬃獅蜥實際上除了有力的嘴巴和稍微尖銳的牙齒之外其實毫無防備，很容易成為掠食者美味多汁的大餐，鬃獅蜥只是看起來兇殘而已，但掠食者不知道這點。當敵對的雄性在野外相遇時也會鼓起鬍子恫嚇對方，如果這招有用，就能夠免去一場領域爭奪戰，人工飼養的鬃獅蜥大部分很快就放棄這個生存本能了，可能一輩子都不曾鼓過鬍子。

當鬃獅蜥受到威脅或遇到潛在的敵手時，牠的鬍子會變黑鼓起，假裝自己很大又很恐怖。

第二章

入手健康的
鬃獅蜥

當 決定飼養鬃獅蜥後，就必須一步步確認
你挑的鬃獅蜥健康狀況絕佳，買到生病
或是比較虛弱的個體，很有可能壽命短
而且問題多，最後你所有的努力只會換

寵物店

　　啊，寵物店，可靠的老朋友，友善的在地寵物店，塞滿魚缸、聒噪的鸚鵡以及各種珍奇爬蟲，大部分潛在的鬃獅蜥飼主都是在寵物店被牠們萌到的。

店家

　　購買鬃獅蜥前，首先要觀察店內和養鬃獅蜥區域的清潔程度。籠舍是否乾淨明亮、是否提供躲藏處和攀爬物？或籠舍地板是否有排泄物散落、打翻的水盆以及其他髒東西？是否大量鬃獅蜥被塞進空間不足的小缸子？

　　如果養鬃獅蜥的籠舍骯髒又噁心，裡面的鬃獅蜥健康狀況不會太好。寄生蟲、

大部分寵物店裡賣的鬃獅蜥是小於六個月的幼體或亞成體。

謹慎抓取

　　當你在寵物店抓取鬃獅蜥時，務必要在櫃檯或桌子上方進行，最好是用軟毛巾或衣服墊著，鬃獅蜥寶寶可能看起來冷靜又移動緩慢，但受到驚嚇時，他們的速度飛快，很容易無預警的就從抓取者手上跳下，因此要確保小鬃獅蜥不會掉得太遠以及掉在堅硬的表面，掉到地上的衝擊對他們脆弱的小身體會造成嚴重的傷害。

細菌和真菌都在腐臭的環境孳生，因此養在骯髒環境下的鬆獅蜥絕對不值得購買，同樣地，鬆獅蜥飼養得太過密集（10加侖[37.9公升]的空間容納超過五隻幼體）很容易產生緊迫以及緊迫相關疾病，我個人建議拒絕在密集飼養的店家購買鬆獅蜥。

蜥蜴

當你找到飼養環境乾淨的鬆獅蜥時，接著要詳細檢查蜥蜴本身，健康的鬆獅蜥寶寶是警覺的動物，但牠們同時也很溫馴。大多數蜥蜴寶寶（守宮、變色蜥、鬣蜥等等）在人靠近的時候會迅速逃竄，但每隻鬆獅蜥寶寶的個性都不一樣，反應也不同，神經緊張的鬆獅蜥你一靠近就會馬上躲起來；一般的鬆獅蜥會懷疑地盯著你看，隨時準備好在你手伸進籠子時跑走；而最讓人喜歡的是那種會朝你爬過去，一邊用鼻子碰玻璃壁，一邊像你打量牠們一樣仔細打量你的鬆獅蜥寶寶！這種類型最有可能成為「犬系」鬆獅蜥，意思是牠的行為就像一隻親人又充滿好奇心的狗狗。

不管鬆獅蜥寶寶是哪種個性，當你靠近時牠們都應該要做點什麼；應該要注意到你的存在並有所反應，就算是看似不明顯的反應也好。如果鬆獅蜥寶寶沒有立刻注意到你，也應該要舉止正常，例如在樹枝上曬燈、吃東西、爬來爬去之類的，跛腳、無精打采或死氣沉沉的樣子都是狀況嚴重的警訊，這類鬆獅蜥的健康狀況岌岌可危，應避免購買。

不要買生病的蜥蜴

你可能會很想要拯救生病的鬆獅蜥，但請打消這個念頭，嘗試拯救生病的蜥蜴總是沒有好結果，除了縮水的銀行帳戶，剩下的只有一顆破碎的心。讓生病爬蟲類康復的難度極高，就算是獸醫師或野生動物復健師（wildlife rehabilitator）都很難辦到。此外，購買生病的鬆獅蜥等同於讓不當對待動物的店家賺錢，因此最好是略過生病的蜥蜴（不管你買不買牠都可能會死掉），告知店家有鬆獅蜥生病了，然後帶著你的錢去別家店。

下一步是將手伸進籠舍抓出鬆獅蜥寶寶。多虧了牠們溫馴的個性，鬆獅蜥寶寶並不會馬上逃走，但大部分還是會躲開你的手。如果你必須要直接抓的話，要輕柔地抓住鬆獅蜥寶寶，比較好的方式是把手掌向上攤開放在缸底，另一手輕輕將鬆獅蜥趕進手裡，再慢慢將手指合攏拿出。有些鬆獅蜥寶寶會靜靜地坐在你手裡，或好奇地張望，健康的鬆獅蜥寶寶會在你手上爬來爬去到處看，低頭輕輕舔你的手指和手掌，這種試味道的行為是天生的，而且是這隻動物好奇、警覺以及健康的重要依據。看起來跛腳、動也不動、閉著眼休息，總之抓起來時沒有警覺的就是生病的蜥蜴（可能有內傷或是運送途中環境骯髒患上寄生蟲），大部分都活不久了。

　　抓著鬆獅蜥寶寶時也是一個檢視外觀的絕佳機會，身上有無傷痕、潰瘍或開放性傷口？腳趾和尾巴是否完好，沒有的話截口處是否有感染的跡象？拿起來的重量是否與體型相符？最後一個問題對新手來說可能有點難度，因為鬆獅蜥寶寶很小，看起來跟羽毛差不多輕。檢查鬆獅蜥的眼睛：是否睜開、清澈且機警，還是閉著、有眼屎或流淚？另外也要檢查牠的泄殖腔，確認是否閉著且沒有髒東西附著，重要的是鬆獅蜥身

就算像這種兇巴巴的幼體，通常也能安定下來成為好寵物。

鬃獅蜥不健康的指標

　　下面列出鬃獅蜥不健康，或者說不適合的指標，利用此表檢查你準備要購買的蜥蜴。

- 鬃獅蜥無精打采的、軟趴趴的，或是對於環境沒有反應又興趣缺缺。
- 眼睛一直閉著，或眼睛凹陷。
- 眼睛、鼻孔或泄殖腔周圍有硬塊或分泌物。
- 四肢骨折、殘缺或無作用。
- 顎部柔軟或畸形。
- 嘴巴裡有乳酪色的物質
- 身上有未復原的傷口或灼傷

　　如果候選鬃獅蜥缺少腳趾或尾巴尖端是無傷大雅的，只要截口處已完全復原，看起來不影響鬃獅蜥的動作即可。

體上全部的開口都要健康且功能正常。檢視四肢是否有骨折或損傷，鬃獅蜥寶寶相當脆弱，運送過程中確實有可能斷手斷腳，四肢若呈現腫大、褪色或無力就可能是受傷了。

其他考量點

　　好的，現在你找到一隻通過所有檢查的鬃獅蜥寶寶了，牠將會是很棒的寵物。在購買之前最後一件要考慮的事情剩下寵物店本身了，店內是否有爬蟲專家可以回答和解決任何養鬃獅蜥時會遇到的問題？你無法想像在遇到危機時若有個知識淵博的專家將會多有幫助，如果該店人手不足，或是店員看起來對他們的鬃獅蜥不太了解，你可能要考慮找找更專業的寵物店。一旦這裡列出的條件都滿足後，就是時候掏錢把你的鬃獅蜥帶回家了。

年紀比較大的鬆獅蜥會比剛出生的大且強壯，比較一下這兩隻四個月和兩個月大的體型差異。

網路賣家

隨著網路的普及，貿易商、賣家和批發商現在可以把貨賣到全世界，專業的鬆獅蜥繁殖者也不例外，全球專業及業餘繁殖者現在都可以在網路上販賣他們的商品。向網路賣家購買最主要的優勢是心靈的祥和還有繁殖者提供的品質保証，因為專業繁殖者靠著賣蜥蜴吃飯，他們通常會拉高水準，保證你，也就是顧客，能夠拿到最棒最健康的個體。跟寵物店不同，跟網路專業賣家購買基本上可以保證買到的是健康的鬆獅蜥，牠會被登記在賣家的資料庫中，附帶所有證明文件，包括出生日期、餵食菜單、生長速率等等。

同樣地，專業賣家對於鬆獅蜥可說是瞭若指掌，而且大部分賣家都不吝於回答有關鬆獅蜥的問題，不管是用電子郵件、電話或信件詢問。簡而言之，專業賣家認真看待每一隻蜥蜴，對於顧客來說也是長期的資源及朋友。這些品質保証和售後服務並不便宜，一分錢一分貨，但是大多數認真的飼主都認同只要鬆獅蜥能夠活得健康長壽，最初購買的金錢根本不算什麼。

線上購買的缺點是你無法親自檢查，跟專業賣家購買的話這不是問題，因為繁殖者不管怎樣都會提供你最棒的鬆獅蜥，但如果在網路討論區或分類廣告網站購買的話，無法直接檢查就會是個問題了。

向非專業網路賣家購買時，你通常只看得到幾張不知道是不是真的照片，還有一小段描述，確定要購買前先寄幾封電子郵件給賣家，把有關鬆獅蜥健康的問題都問一遍（做一張清單：環境清潔程度、個性身體狀況、食物組成等等），如果你發現賣家好像不情願回答問題或是多寄

幾張照片參考的話，心裡就要有個底，這是比較劣質的賣家，最好再多找找。

多花點時間研究有興趣的零售商或賣家有益無害，看看別的買家有什麼評語，做好功課可以讓你省下大把時間、金錢以及心痛，因為有許多無賴、狡猾的賣家聲稱自己是專業繁殖者，事實上他們在乎的只有賺錢，可能會寄給你一隻次等的蜥蜴。貨比三家不吃虧，網路上有許多討論購買經驗的論壇討論區可以參考。

兩棲爬蟲展

如果你是一個爬蟲類或兩棲類愛好者，卻從未去過兩棲爬蟲展就太丟臉了！講認真的，兩棲爬蟲展是幾十、幾百甚至幾千個賣家（批發商、進口商、專業繁殖者以及業餘繁殖者），將他們的兩棲爬蟲活體公開販售的盛會，通常在農夫市集、體育館、大講堂或其他大型公共場所舉行。兩棲爬蟲展讓愛好者們能夠盡情瀏覽令人眼花撩亂的兩棲類和爬蟲類，精打細算的買家可以在此談到不少好價錢。

由於鬆獅蜥太流行了，幾乎可以保證許多賣家都有大量活蹦亂跳的鬆獅蜥寶寶供人挑選，另外也可以保證這些賣家會試圖壓低價格以吸引更多消費者。

參加爬蟲展有許多好處，包括種類多樣、平均比較低價，在展覽即將結束時可能會有折扣，還有實際把玩檢查鬆獅蜥的時間比較不受限制。

當然，跟任何購買管道一樣，爬蟲展不是沒有缺點。首先最主要的，所有的購買都是最終交易，事實上沒有爬蟲展的廠商願意提供退貨或換

兩棲爬蟲分類廣告

大部分兩棲爬蟲主題的雜誌後面都有分類廣告區以及繁殖者的廣告，這類廣告通常是專業繁殖者想在網路以外的地方推廣自家的產品，且大部分都物美價廉，但這畢竟屬於遠端購物，還是得對賣家做一些調查，以確保賣家的信用以及對於售後服務和鬆獅蜥品質的保證。

貨，這類展覽是廠商之間的流血戰場，所以不要指望退貨條款能幫你。第二，一旦你買了鬆獅蜥，之後就只能靠自己了，寵物店店員和專業繁殖者都能回答你鬆獅蜥相關的問題，但展覽結束後，廠商就會拍拍屁股走人了。有時你能找到想建立名聲的廠商，或是你也可以在展覽上向有名的店家購買，這類賣家會給你名片，未來可能用得上，但這種賣家可遇不可求，更有可能的是在你購買之後，賣家就消失無蹤了。因此，請考量所有的利弊之後再購買。

購買成體

　　大部分飼主會選擇購買鬆獅蜥寶寶，因為看著牠們從小到大的成長過程是飼養鬆獅蜥的一大樂趣，飼主都想看到他們刺刺小小的朋友吃東西長大，但養一隻成體鬆獅蜥也不是不可能。

　　成體鬆獅蜥是很棒的寵物，因為牠們已經長大並且度過最脆弱的時期。雖然大多數成體鬆獅蜥的售價比幼體更高，但有些專業繁殖者會低價釋出年紀比較大的個體，產過很多次蛋的年長雌性可能會以比較合理的價格出售，因為繁殖者的資源有限，沒

你可以考慮從成體鬆獅蜥開始，有時繁殖者會以低價釋出。

辦法一直提供空間和食物給不能繁殖的個體，如果你想買一隻成體鬆獅蜥，這類大女孩可能很適合你。

請記住所有檢查鬆獅蜥寶寶環境衛生和健康的方法都適用於成體鬆獅蜥。購買成體鬆獅蜥幾乎可以確定牠的壽命將會比較短，以及比較短期的飼主與寵物關係。人工飼養的健康鬆獅蜥平均壽命是九至十二年，因此購買一隻六歲的鬆獅蜥你將只剩下最多六年的時間能夠陪牠，而選擇健康的幼體則可以陪伴你超過十年。

最後一個購買鬆獅蜥要考量的點是獸醫。爬蟲獸醫師曾經很稀少，但隨著爬蟲醫療的需求越來越大，爬蟲獸醫也越來越普遍。爬蟲獸醫不只能夠幫助你保護你的投資—購買健康的蜥蜴、爬蟲缸、設置環境等金錢都是一大筆支出—而且他或她還能控制疾病、對抗感染、治療傷口，以及診斷並治療任何可能侵襲你的鬆獅蜥的疾病。曾經聽過有人說你應該在找到好爬蟲之前先找個好獸醫，我不能同意更多了。在街角有個可靠的獸醫師，你和你的鬆獅蜥就更能安心過著健康快樂且長久的生活。

領養

令人傷心的是，許多鬆獅蜥飼主並不會照顧牠們一輩子。通常這是因為他們沒有準備好應付照顧鬆獅蜥所花費的時間和金錢，另外，人們會搬家、離婚、長大、換工作、上大學，還有其他事件讓他們無法繼續飼養。有些人將他們的鬆獅蜥賣掉或送給想養的朋友，而有些人則將鬆獅蜥送養。鬆獅蜥確實會出現在動物收容所中，而收容所通常無力照顧喜愛陽光的雜食性蜥蜴。如果你想要一隻成體鬆獅蜥，或是想要拯救無家可歸的鬆獅蜥的話，領養別人不要的寵物可能很適合你。每隔一陣子去附近的動物收容所看看有沒有鬆獅蜥，你可以打電話請他們收到鬆獅蜥時通知你，也有一些是專門收容爬蟲動物的機構。

第三章

居住
與環境

談到鬃獅蜥的居住時,有個最高指導原則絕對不能違背:購買鬃獅蜥前先把全部的環境設備都設置好。從寵物店到家中的運送過程(或直接由繁殖者寄出)對鬃獅蜥來說壓力很大,讓牠在冰冷黑暗的箱子裡等愈久,就愈有可能造成緊迫而生病,平穩迅速地把鬃獅蜥從寵物店運送回家裡溫暖的巢穴,是把運送壓力降到最小的第一也是最重要的步驟。

保持嚴格的隔離檢疫

如果你有養其他兩棲爬蟲類，就必須盡全力把隔離檢疫做好，將新來的鬆獅蜥徹底與其他健康、穩定的寵物隔開。隔離缸應該要設置在另一個房間，餵食、清潔以及其他工作永遠都要在原有的寵物之後，以防新的鬆獅蜥帶有傳染病，這可以避免污染其他健康的寵物。

隔離檢疫

負責任的飼主會為即將到來的鬆獅蜥設置一個隔離缸，未來遇到生病時也能當作醫療缸使用。隔離缸可以滿足蜥蜴所有的基本需求，但同時讓飼主可以仔細觀察是否有任何生病、寄生蟲、痛苦等等跡象。為了更方便觀察，隔離缸裡的物品愈少愈好，盡量減少雜亂。一個深色躲藏盒、白色廚房紙巾底材、一個人造攀爬物以及一個小水盆就足夠了。

隔離檢疫期間正常餵食，雖然我不建議在剛從寵物店運送回家的八至十二小時內提供食物，這段期間讓鬆獅蜥適應新環境的視線和聲音。隔離缸內維持適當的溫度和照明，如果在兩週的密切監控之後，你沒有發現任何生病或不適的跡象，就可以將新夥伴移到永久居所了。

若是你有飼養其他鬆獅蜥或其他兩棲爬蟲類的話，隔離檢疫尤其重要，直接讓受感染的鬆獅蜥與其他兩棲爬蟲接觸（直接接觸，我的意思是指在同個籠舍裡，甚至是共處同個房間內），就等同冒著讓全體都感染的風險。為了避免家裡寶貝的安全與健康受到損害，請將隔離檢疫區放置在房間裡相對其他寵物最遠的角落，隔離檢疫使用的水盆、燈泡等所有設備不可以移入一般區域。將風險降到最低的方法就是把隔離缸和所有相關的設備遠離家裡的兩棲爬蟲動物。

玻璃水族箱是最常用來養鬚獅蜥的容器，但還是有其他適合的選項。

籠舍
尺寸

　　一個長期「住所」首先要考量的是尺寸，雖然 20 加侖的「長型」缸（76 公升）—30 英吋長 ×12 英吋寬 ×10 英吋高（76.2 公分 ×30.5 公分 ×25.4 公分）—對於鬚獅蜥寶寶來說就足夠寬敞了，但你要知道健康的鬚獅蜥會成長得非常迅速，不用一年，這種大小的缸對你的亞成鬚獅蜥來說，將會狹窄得可怕。鬚獅蜥天性好動，就連小的個體也需要大空間跑來跑去。

　　125 加侖的缸（473 公升）—72 英吋長 ×18 英吋寬 ×16 英吋高（183 公分 ×45.7 公分 ×40.6 公分）—這樣的空間就算是最大隻的成體鬚獅蜥也夠住一輩子了，然而要注意缸內的空間是如何配置的，因為鬚

獅蜥的需求與其他兩棲爬蟲動物很不一樣，水桶腰的鬃獅蜥需要充足的水平空間（地板面積）讓牠遊蕩，正因如此，地板面積大的缸比瘦高型的缸適合，也就是籠舍的地板空間比實際容量還重要。

類型

幫鬃獅蜥打造家園遇到的第二個問題是該選擇什麼類型的籠舍。養魚用的玻璃水族缸，是很不錯的選擇。它們易於清潔，在觀賞樂趣方面也具有絕佳的能見度（不論是你往裡面看或鬃獅蜥看外面），除非遇到嚴重的意外，不然這種水缸可以用非常久。

塑膠或壓克力缸最近在爬蟲愛好者之間開始流行，因為重量輕、好整理（例如滑動式的前門方便快速簡易的清潔），保溫性很好，放在家裡也美觀，雖然適合某些類型的蛇，但我不推薦給鬃獅蜥使用。壓克力

有些大量飼養的繁殖者和飼主用牛的飲水槽飼養鬃獅蜥。

和塑膠很容易刮傷，而飼養鬆獅蜥通常會用沙子當作底材，因此壓克力很快就會像噴砂過一樣霧化，透明度降低，變成醜不拉嘰的東西，有些附帶玻璃門的還比較承受得住。壓克力箱的另一個缺點是通風性可能達不到鬆獅蜥的需求。壓克力箱善於留住水氣維持濕度（非常適合用來養熱帶蟒蛇和兩棲類），這種特性對於沙漠型的鬆獅蜥來說，在長期的健康和舒適度方面都是負面影響。

　　不在意美觀的飼主也會使用大型牛或馬的飲水槽來飼養鬆獅蜥，飲水槽具備寬廣的地板空間，很簡單就能用夾燈夾在邊緣加熱或照明，也易於調整光線角度。雖然許多繁殖者將飲水槽當作居住空間還有產房，但不透明的金屬牆壁讓鬆獅蜥沒辦法看到外面的世界，就像是被困在地上的大洞一樣，鬆獅蜥被迫盯著空無一物的金屬牆。鬆獅蜥是有智慧的生物，以蜥蜴來說視力算很好，我相信長期缺乏視覺刺激對於鬆獅蜥的心理健康、緊迫程度和食慾都有傷害，最後連免疫系統都會受影響。然而缺乏刺激的情況可藉由飼主每天把鬆獅蜥帶出來摸一摸和運動抵銷，此外如果在飲水槽裡養多隻鬆獅蜥的話，牠們也能有互動的對象。

安全

　　鬆獅蜥籠舍的安全性是重要的事，但根據每隻鬆獅蜥的居住環境而有所不同。如果是養在馬的飲水槽或是夠深的無頂容器，就不太需要擔心鬆獅蜥自己脫逃，只要牠沒辦法攀登任何高的石頭或曬太陽用的棲木爬出牆壁就好。籠舍頂部打開對於濕度和空氣流通有幫助。

　　而如果你有比較高的棲木或是比較矮的籠舍，就必須要加固。一般買到的爬蟲缸和魚缸都有附尺寸剛好的蓋子，附帶厚實金屬網以及金屬框的最佳。塑膠框的蓋子幾乎一定會在強力的燈光照射下扭曲、融化或燒掉，金屬框就沒有這個問題。

　　如果一個夠重的網蓋可以確保鬆獅蜥乖乖待在裡面，但它能把不速之客擋在外面嗎？當家裡的貓在籠舍附近徘徊時，你會想要裝個可以上鎖的蓋子防止鬆獅蜥成為貓咪的點心，也避免成體鬆獅蜥咬傷貓咪的鼻

子。同樣地，也能隔開沒人看管的小孩。小朋友若在沒有監督的狀況把玩鬆獅蜥，兩者都處於危險之中，小朋友可能會將手放進鬆獅蜥的嘴巴甚至將鬆獅蜥的某部分放進自己嘴巴，小朋友有健康上的風險，而鬆獅蜥也可能被小朋友有時惱人又興奮的手弄受傷。堅固的籠舍加上一個緊密、上鎖的蓋子能讓大家都安全又快樂。

濕度

　　一旦你決定好要給鬆獅蜥住什麼類型的住所後，接下來要搞定濕度和通風。鬆獅蜥是沙漠動物，低相對濕度是讓牠們維持活力的關鍵。避免使用全玻璃或塑膠蓋子，因會讓籠舍內的空氣沉滯，對鬆獅蜥的呼吸系統造成問題。將粗鐵網或橡膠網嵌進塑膠或金屬框架做成的蓋子是最理想的，這種蓋子不只可以容許足夠的氧氣進入，也能讓水氣和鬆獅蜥呼吸與排泄產生的有害氣體逸散出去。

如果籠舍的牆壁夠高就不需要加蓋子，但大部分的籠舍都需要一個安全的蓋子。

水氣也能以在籠舍裡放一個小水盆來控制。太大的水盆蒸發量過大，會讓籠舍裡的濕度過高，如果你居住的地方特別潮濕，像是海邊或低窪的沼澤，你的鬆獅蜥可能會需要一台除濕機。籠舍裡理想的相對濕度為 35 至 40%，幾乎等同內陸鬆獅蜥在澳洲野外環境的相對濕度，然而一般的情況不需要任何額外的設備來維持

45 至 50% 的低相對濕度。通用濕度要求的唯一例外是東部鬆獅蜥，能夠適應稍微高一點的濕度，但還是不宜超過 55%。

底材

每當談到鬆獅蜥的底材該選什麼的時候，對於到底什麼才是最棒的底材，爬蟲愛好者之間總是免不了一番爭論。

沙子與相近材料

野外的鬆獅蜥一輩子都在礫石和細沙上度過，但是有些飼主認為用沙子豢養鬆獅蜥有腸胃阻塞的風險。當鬆獅蜥吃下一點沙子而無法消化時，就會阻塞在腸道，衍伸許多健康問題，沒有治療的話會死亡。但我用沙子豢養各種沙漠爬蟲類超過二十五年，從來沒有一個遇到腸道阻塞的問題。

礫石和卵石常被當作沙漠爬蟲類的底材，然而我的其中一隻鬆獅蜥卻需要手術取出卡在腸道裡的水族用小石頭。水族卵石不只會造成腸道阻塞，飢餓的鬆獅蜥也很容易在獵捕蟋蟀或麵包蟲時咬到石頭，造成牙齒和嘴巴受傷。而且排泄物容易沉到卵石底下，成為細菌滋生的溫床。因此不建議使用卵石和礫石當作鬆獅蜥的底材。

如果你有腸道阻塞的顧慮，但又想要用沙子型的底材，你有兩種選

人工草皮和室內／室外地毯不推薦給鬆獅蜥使用。地毯細小的纖維可能會纏住鬆獅蜥的腳趾，這些纖維實際上根本看不見，會在鱗片下悄悄地纏住腳趾阻斷血液流動，時間久了會造成腳趾萎縮脫落。這種細纖維截肢的情況也常發生在飼主讓他們的寵物在家裡的地毯上跑來跑去。這種底材造成的另一個危險是有小塊塑膠剝落被鬆獅蜥吞下肚，可能造成腸道阻塞、窒息和受傷。

擇。第一種是選用滑順、不含二氧化矽的普通沙子，在表面灑上適量的鈣粉，將鈣粉攪拌進沙子裡，然後再灑一層鈣粉。這個步驟可以確保當你的鬆獅蜥把沙子連同食物一起吃下去時，也會同時吃下一些鈣粉，鈣粉能夠刺激消化道，幫助排出吃進去的沙子。清潔更換底材後需要重新混入充足的鈣粉。

沙子是大多數鬆獅蜥飼主偏好的底材。

第二種選擇是寵物店可以買到的鈣沙。有很多品牌可以選擇，它們實際上是用鈣製成的，因此鬆獅蜥吃掉這種人造沙之後可以輕易消化掉或排出體外，不會造成生病。從好的方面來看，這種人造沙能夠避免腸道阻塞，並且有多種顏色讓要求美觀的飼主可以選擇。主要的缺點就是價格超貴，比普通的沙子貴好幾倍，自己衡量一下值不值得花這個錢。

如果你選擇以沙子當作底材（不論是滑順不含二氧化矽的沙或鈣沙），必須把沙子鋪到至少 3 至 4 英吋深（7.6 至 10.2 公分）。鬆獅蜥在野外會因為各種原因把自己埋起來，有時你的鬆獅蜥會為了溫度調節或睡覺而幾乎把全身埋進沙子裡，只露出一顆頭在外面。緊張或是緊迫的鬆獅蜥（例如那些剛抵達家中沒多久的個體）也會覺得埋在底材裡面比較舒服。不論什麼原因，把自己埋起來是鬆獅蜥很重要的天性，沙子太淺會讓鬆獅蜥不舒服，牠們會一直試圖往下挖卻徒勞無功，最後造成緊迫。

寵物地墊

沙子當然不是鬆獅蜥底材唯一的選擇，各地的爬蟲愛好者都有成功使用市售寵物地墊和爬蟲地毯飼養鬆獅蜥的經驗——不要與室內／室外地墊或人工草皮搞混。這類地墊最主要的好處是容易清潔，只要拿出來用熱水加抗菌肥皂清洗乾淨，放回去之前晾乾就好。薄的地墊也能讓鬆

爬蟲類專用的沙子有許多顏色可以選擇。

獅蜥接收到來自缸底加溫設備最大的熱能，一層淺淺的底材就會削弱熱能，降低缸底加溫墊的效益。

樹皮、護根覆蓋物和木屑

樹皮塊和園藝護根覆蓋物（mulch，大部分寵物店都可以找到很多種）是另一種選項，但你要記住鬃獅蜥是沙漠的子民，保濕的材料例如護根覆蓋物、樹皮和土壤可能會讓籠舍的濕度過高。採用這種底材時要注意，確保濕度維持在可接受的限度內，如果你能夠控制濕度，這些是可接受的底材。

松樹和雪松木塊、木屑或其他任何針葉樹製品**絕對不可以**用在鬃獅蜥的籠舍裡。松樹和雪松含有氣味濃厚的精油和樹脂，會永久損害嗅覺器官（例如鼻子、舌頭和鼻竇）、呼吸系統以及皮膚，精油和樹脂不僅會讓鬃獅蜥的嗅覺和味覺功能下降，還會對牠造成極大的緊迫（要記得緊迫可能造成食慾和免疫功能下降）。我曾經看過養在芳香雪松木屑上的鬃獅蜥，真的拒絕進食，當移到比較適合的環境後，同樣的個體就開始恢復食慾了。

紙製品

另一種類型的底材是回收報紙。如同字面的意思是用洗過的報紙碎屑製成，這種底材膨鬆、輕盈，就算鬃獅蜥吃下一點點也不會有什麼傷害，我個人從來不使用回收報紙，因為報

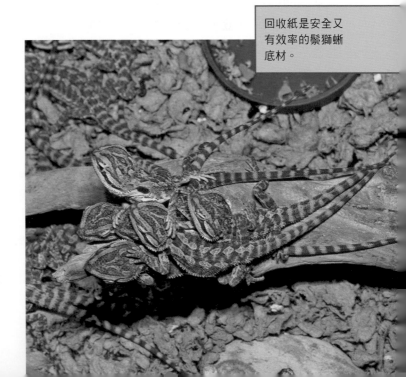

回收紙是安全又有效率的鬃獅蜥底材。

紙有容易吸水的特性，我住在喬治亞州，以高相對濕度聞名，而回收報紙作為底材維持鬆獅蜥需要的沙漠環境效果並不好，但在其他地區，或是裝有除濕機的濕度可調控環境，回收報紙的效果就不錯。動物的排泄物會被回收報紙吸收，同時發出臭味，必須要更密集清理，相較之下排泄物在沙子裡面會被沙子包覆結塊，比較省事。寵物店或網路上都能找到回收報紙。

為數不少的飼主也喜歡用平面的舊報紙，不但便宜，整理時也容易丟棄和更換，但是舊報紙不美觀，而且沒辦法讓鬆獅蜥埋自己，鬆獅蜥有埋自己的天性（為了晚上睡覺、躲避掠食者、溫度調節等等目的），而牠們在人工飼養下也應該要保有這種行為，養在報紙上的鬆獅蜥常常會把報紙翻起來鑽進底下，很不幸地，牠們接著會在報紙底下排泄，搞得環境髒亂不堪。

籠舍設備
木頭與樹枝

身為新手你會想要購置一根結實、又寬又高的棲木，鬆獅蜥確實喜歡爬上夠大的棲木上曬燈，對於幼體和亞成體來說，一段噴砂葡萄藤（sandblasted grapevine）就很夠用了，噴砂葡萄藤可以在任何爬蟲相關的寵物店買到，多孔隙且粗糙，非常適合體型小的鬆獅蜥攀爬，葡萄藤的表面讓小鬆獅蜥可以輕鬆爬上去曬燈，甚至牠們想要的話也可以睡在上面。

葡萄藤一般來說無法容納大隻鬆獅蜥，因此需要更大的棲木。大塊處理過的漂流木（無油漆或蟲膠），尤其是有

消滅討厭鬼

放石頭進去鬆獅蜥籠舍之前，我總是會把石頭用鋁箔紙包起來，放在烤箱裡以 250°F（121.1°C）烤 30 分鐘。石頭上有許多小孔，可能窩藏細菌、黴菌、孢子甚至寄生蟲，傷害你的鬆獅蜥。烤石頭可以確保這些狡猾的小生物被徹底毀滅。石頭放進去鬆獅蜥缸之前要完全冷卻。

寬闊平坦的表面，很適合成體鬃獅蜥。噴砂葡萄藤和漂流木塊兩者都可以清洗，是很耐久的家具，可以模擬鬃獅蜥在野外會停棲的褐色木頭和樹枝，放在自然型的籠舍裡更是好看。

石頭

　　大塊石頭也是選項之一，鬃獅蜥在石頭上與在樹枝上曬太陽一樣舒適。問問採石場或石匠通常就會免費得到幾塊石頭，園藝店和園藝資材行也有賣石頭，大部分寵物店也有。砂岩不僅平坦又吸熱，而且橘紅的色調放在展示缸裡很好看。

　　當然，大顆的天然石頭一定非常重，容易砸破玻璃缸底，寵物店或五金行的園藝區可以買到人造或陶瓷石頭，這種堅固的產品是很好的替代品。人造石頭不只外觀看起來自然，重量又輕，有些做成中空的，可以同時作為鬃獅蜥的躲避處。

植物

　　植物也可以放在鬃獅蜥籠舍裡，但飼主要注意植物的種類。人造植物或許是最好的選擇，它們不需要澆水、不會落葉、不會死掉、整理時

不管何種時期的鬃獅蜥都喜歡爬石頭和樹枝，所以為牠們準備一些吧。

拿出來洗一洗再放回去，非常簡單。好的塑膠或絲製植物絕對可以為鬚獅蜥籠舍增添一些自然感，對你來說卻省時又省力。

另一方面，活體植物的難度就高多了。活體植物需要經常澆水，可能會導致底材吸水，在光合作用時釋放水氣到空氣中，所以不管哪種植物都會顯著提高鬚獅蜥籠舍的相對濕度。

在籠舍裡種活體植物會遇到另一個問題，你的鬚獅蜥是雜食性動物，牠們會把許多植物當成食物啃咬。雖然可能看起來很好吃，但有些植物含有毒素或汁液，對鬚獅蜥的風險很大。就算你選的植物完全沒有有害成分或汁液，你還是得面對鬚獅蜥把裝飾物吃掉的困擾。成體鬚獅蜥可以破壞所有放在籠舍裡的植物，包括最強壯堅韌的那種。總而言之，除非你要打造一個非常專業的生態缸，不然活體植物在鬚獅蜥籠舍裡只會成為負擔。

如果你真的很想要在鬚獅蜥籠舍裡放活體植物的話，還是有幾種刺柏（juniper）是比較推薦的。生長緩慢、木質的刺柏需水量很少，水分蒸散也少，是目前能放在鬚獅蜥籠舍裡最持久也最美觀的植物。為了要方便清潔維護，最好將刺柏種在淺陶土盆，再將土盆埋進沙層邊緣稍加掩蓋，這樣看起來非常美觀又自然，同時又兼具易於清潔的特性——只要取出盆栽，更換底材，再把盆栽埋回新的底材就好，有什麼能比這更簡單？

對加溫石說不！

加溫石曾經廣泛被爬蟲飼主當作熱源使用。這種石頭以聚合物或陶瓷製作，非常容易過熱、不熱要不就是故障。當加溫石出問題時，你的鬚獅蜥就有嚴重燙傷甚至是被內部加熱線圈電擊的風險。在市場上有許多形式（而且更可靠）人工加熱的今天，實在沒必要去選擇加溫石。

這個籠舍用煤渣磚當作躲藏和攀爬區域，和用報紙當作底材。

躲藏盒

鬆獅蜥籠舍另一個基本配備是躲藏盒或遮蔽物。鬆獅蜥在野外有許多天敵：巨蜥、捕食性鳥類、蛇、野豬還有澳洲野狗都會獵食鬆獅蜥。由於鬆獅蜥沒有毒，也沒有對抗攻擊者的武裝，牠們主要的防禦就是逃跑躲進岩石裂縫、岩洞或其他幽暗狹窄的地方裡，直到危險遠離。在人工飼養環境，飼主不可忽略或低估這種需要黑暗隱密角落以獲得安全感的天性，不管是任何時期的鬆獅蜥，都要有一個或以上的躲藏處。

跟你猜的一樣，幼體和亞成個體最需要躲藏處，但成體一樣也需要，甚至是年紀非常老、非常放鬆、像狗一樣溫馴的個體，偶爾也需要一個黑暗、安靜的地方遠離塵囂，單獨靜一靜。

好消息是躲藏盒可以用任何東西製作：破掉一半的陶盆、樹皮片、木板組合成的小屋、店裡買的爬蟲躲藏盒等等，只要能提供足夠的空間讓鬆獅蜥從你的視線中完全消失，牠不會去管躲藏盒是用什麼做的。當然如果你偏愛自然風格，寵物店和爬蟲用品網站有五花八門的躲藏盒供你挑選，人造樹幹、塑膠或陶瓷洞穴和塑膠石堆只是滄海一粟。

放置躲藏盒於鬃獅蜥籠舍時，要記得最終目的是要提供鬃獅蜥隔絕和安全的地方，放置躲藏盒時讓進入其內的光線降到最低；裡面越暗鬃獅蜥越喜歡。將入口調整到不會面對人來人往的角度，意思是調整躲藏盒的洞口讓鬃獅蜥看不到房間裡人類的動作（也許是朝向牆壁），因為飼主和朋友們的喧鬧可能會讓想尋求僻靜的鬃獅蜥感到壓力。

　　飼養一隻以上鬃獅蜥的大籠舍絕對需要多個躲藏盒；至少每隻一個，甚至對於獨居的鬃獅蜥，在不同地點放置兩個或以上的躲藏處也是明智的決定，因為鬃獅蜥似乎喜歡選擇躲藏的地方。我發現放一個躲藏處在缸底加溫墊正上方，第二個擺在籠舍裡比較冷的那端很有益，熱的躲藏盒可以提供鬃獅蜥足夠的隔絕，同時提供充足的溫暖幫助消化和代謝，而沒加熱的躲藏盒可以提供黑暗、安靜以及冷卻。由於鬃獅蜥在野外一天中會在熱點和冷點之間來來回回許多次，因此兩個躲藏處能夠模擬鬃獅蜥先天的習慣，並且能讓鬃獅蜥進行良好的溫度調節，你的鬃獅蜥就不需要在躲起來和待在想要的溫度中做抉擇。

飼養多隻鬃獅蜥的籠舍，要記得設置多個躲藏和曬燈區。

加熱與加溫

有關鬚獅蜥籠舍的加熱與加溫非常值得注意，澳洲內陸是一個炎熱、豔陽、乾燥的地方，為了讓鬚獅蜥能在人工環境健康成長，飼主必須將飼養環境保持接近原生的環境條件。

鬚獅蜥籠舍白天時的環境溫度應該要維持在 80° 至 84°F 之間（26.7° 至 28.9℃），在籠舍的其中一段提供一個曬燈區，溫度提升到 95° 至 100°F（35° 至 37.8℃），另一端則提供黑暗、涼爽的躲避處，如此一來你的鬚獅蜥就能依需求調節溫度。

燈泡

有多種方式可以加熱你的鬚獅蜥，白熾燈泡（有時以吊頂燈或夾燈販賣）會同時發出光和大量的熱，將燈泡安裝在籠舍其中一段的紗網蓋子上方，燈泡的正下方擺放一塊大而平坦的石頭或棲木，作為鬚獅蜥主要的曬台。避免讓鬚獅蜥直接接觸燈泡非常重要，因為燈泡會非常燙，若是讓鬚獅蜥直接碰到的話會燒燙傷甚至死亡。

選擇燈泡瓦數時有兩個考量點：燈泡與籠舍的距離，以及籠舍的大小。如果你的加溫燈泡懸掛在籠舍上方超過 10 至 12 英吋（25.4 至 30.5 公分），就需要更高瓦數的燈泡以輸送足夠的熱。同樣地，如果你要加熱維持一個 150 加侖（568 公升）缸的溫度，就需要更大顆或更多顆燈泡才能加熱這樣龐大的籠舍。

反之亦然，與曬台距離小於 10 英吋（25.4 公分）的燈泡瓦數可以低一點，而比較小的籠舍也不需要太多燈泡來加熱，為了維持適中的溫度，你可能需要用不同瓦數的燈泡測試看看。

由於白熾燈泡會產生大量光線，因此不適合用於夜間加溫，請利用夜間燈泡維持溫暖的環境溫度。這種燈泡由深紫色或深紅色玻璃製作，低瓦數的特性只會釋放溫和的熱度以及非常微弱的光線，因此不會打擾鬚獅蜥的睡眠作息。沙漠和鬚獅蜥其他的棲地到了夜晚會明顯地降溫，而飼主應該要讓籠舍環境模擬這樣的溫度變化，夜間溫度降到 60° 至

70℉（18.3° 至 21.1℃）都算是安全的，許多家裡除了缸底加溫墊（參見下面關於加溫墊的細節）之外不需要其他額外加溫。

加溫器

第二種加溫方式是陶瓷加溫器，本質上與加溫燈泡差不多，外觀大致上是鐘形，由強化陶瓷殼包覆金屬發熱線圈，一樣是旋入白熾燈泡的燈座。陶瓷加溫器有各種瓦數可以選擇，且能夠釋放可觀的熱能（遠比同樣大小的燈泡還多）卻不會發光，由於這種產品產生的熱能太強了，因此只能裝在陶瓷燈座上，許多有販售爬蟲類的寵物店會賣這種燈座，五金行和網路上也能找到。

陶瓷加溫器是在維持夜間溫度方面表現出色，不會發出光線干擾鬃獅蜥，使用日光燈照明的飼主可能會選擇用加溫器來加熱籠舍。如果已經有了其他光源，陶瓷加溫器仍然可以用來創造熱點，或是低瓦數的陶瓷加溫器可以取代夜間燈泡以維持溫暖的夜間溫度。做好安全措施確保你的鬃獅蜥無法與加溫器直接接觸，因為加溫器非常燙，碰到可不是開玩笑的。

鬃獅蜥需要加溫燈和紫外線燈維持健康。

關於玻璃

小心玻璃（玻璃窗、籠舍的玻璃缸壁等等）會過濾掉光線中必要的紫外線波長，因此將鬆獅蜥或籠舍放在陽光灑落的窗邊無法代替真實或人工的紫外線。另外，雖然紫外線無法穿透，但是大量的熱能卻可以，因此將籠舍放在窗邊是個壞主意。如果籠舍放在窗邊或任何其他受到陽光直射的地方，很容易就會被過度加熱，把裡面的居民煮熟。

缸底加溫墊

另一種很棒的加溫設備是缸底加溫墊。這種墊子一面光滑，另一面有黏性，用來黏在籠舍底部外側，透過底材輸送出溫和平穩的熱能，藉此從底部加熱。然而要是底材太厚的話，加熱墊就無用武之地了，在我自己的鬆獅蜥籠舍裡，我發現加熱墊貼在薄薄一層底材下方會變成鬆獅蜥喜歡打盹的地方；牠們會蜷縮在加熱墊上方睡個溫暖又舒服的午覺。

綜合

以上這些加熱方法：加溫燈泡、陶瓷加溫器以及缸底加溫墊，都能夠發出一定程度的熱，但如果飼主想真正模擬鬆獅蜥在野外的環境，就必須結合不同的加熱方式。在曬點上方懸掛加溫燈泡，下方利用缸底加溫墊創造一個美好的熱點，入夜後改用低功率的陶瓷加溫器維持夜間溫度 65° 至 75°F（18.3° 至 23.9℃）。

不論你用的是何種加熱設備，一定要在籠舍裡裝設溫度計正確監控溫度，千萬不要用猜的，因為你覺得溫暖的溫度對鬆獅蜥來說可能還不足，相反的情況甚至更加危險；溫度太低的傷害輕微，而溫度太高則真的會在短短幾分鐘內把鬆獅蜥活活烤熟。數位式溫度計是最精確的，能儲存高低溫的溫度計甚至能讓你不用隨時守在旁邊就能獲得資訊。

紫外線燈

雖然只要能達到同樣的溫度，熱源大致上可以互相替換，但優質的光照並不能隨便取代。幾千萬年來，鬆獅蜥發展出一套缺乏充足紫外線

（UV）照射就無法正常運作的代謝系統，而紫外線會隨著陽光進入地球的大氣層，因此這些蜥蜴熱愛陽光，每天要花幾個小時曬太陽，如果沒有照射紫外線，鬆獅蜥不久就會出現各種不適，以及骨骼代謝症（MBD）。

如果你居住在溫暖的地區，你每週至少應該撥出一到兩小時帶鬆獅蜥到戶外曬自然的陽光。陪鬆獅蜥曬太陽的時間越多越好（這是與你的寵物建立連結以及觀察牠們一些自然行為的好時機），但每週一到兩個小時是維持鬆獅蜥健康的最低限度。

其他紫外線燈炮

現在有其他白熾燈泡能夠提供 UVB，通常會比較貴，但是壽命較長，長期來看比每六個月就要更換的螢光燈炮更划算。這類燈泡的缺點是它們會產生大量熱能，而且找不到低於 60 瓦以下的燈泡，因此無法用在小型籠舍，除此之外 UV 白熾燈泡是很棒的產品，你可以在網路上和販售爬蟲用品的寵物店找到這種燈泡。

在室內可以藉由紫外線燈泡提供人工紫外光，全光譜紫外線燈泡在寵物店裡以爬蟲燈泡或類似的名稱販售，要確定你買的燈泡至少能釋放 5 至 7% 的 UVA 和 UVB，UVA 能幫助你的鬆獅蜥保持心裡健康、接受刺激以及維持旺盛的食慾，另一方面，UVB 是鬆獅蜥代謝維生素 D3 和鈣質不可或缺的光線。如果缺乏 UVB 照射，鬆獅蜥就會缺乏維生素 D3，接著出現骨骼代謝症退化性的症狀。

有些種類的燈泡並不適合鬆獅蜥，通常是植物生長燈，因為它們沒有提供鬆獅蜥需要的全光譜紫外線。鬆獅蜥不分年齡和種類全部都需要每天至少十至十二小時的天然或人工 UVA 和 UVB 光照射才會健康，短短幾週的時間不照射紫外線，你的鬆獅蜥就會開始出現痛苦的樣子。裝設至少一盞（兩盞更好）紫外線燈照射範圍等同籠舍的長度，可以確保紫外線觸及到籠舍的每個角落，為了達到最佳效果，燈泡與鬆獅蜥的距離不可超過 12 至 18 英吋（30.5 至 45.7 公分）。

要記住就算只是一片像是缸壁這樣的玻璃，也會過濾掉紫外線燈泡或陽光裡幾乎全部的紫外線，即使是細目的網蓋也會過濾掉 30 至 35% 的紫外線這麼多。如果你想讓燈泡發揮作用的話，必須要讓它能直接照到鬃獅蜥身上，中間不能有玻璃、塑膠或壓克力（還有細網）擋住光線，因此粗目的紗網比細目的紗網更理想。紫外線燈泡的壽命大約一年，燈泡發出的紫外線會隨著時間減少，一年過後這種特殊燈泡實際上就不會發出 UVA 和 UVB，變得與普通燈泡沒什麼分別了。每六至八個月更換紫外線燈確保鬃獅蜥接收到充足的紫外線，每年才更換燈泡應該要視為最低限度。

戶外飼養

許多住在溫暖地區（或至少季節性溫暖）的飼主會將鬃獅蜥養在戶外，雖然戶外圍欄可以讓你的動物過比較接近野外的生活，但打造這種圍欄需要非常仔細計劃。戶外圍欄能讓鬃獅蜥想曬多久太陽就曬多久，有室內籠舍無法比擬的通風性，且能促進鬃獅蜥的自然行為，戶外圍欄也是養多種鬃獅蜥的絕佳場所，

通常加熱鬃獅蜥最好的方式是頂部燈泡配合缸底加溫墊。

因為大型圍欄可以提供一群鬆獅蜥充足的躲藏處、棲木和領地。

然而第一個要克服的障礙是你居住的地理區域。住在紐約州或愛爾蘭科克郡的鬆獅蜥飼主請別把你的鬆獅蜥養在戶外，因為鬆獅蜥根本無法在這些地方寒冷潮濕的氣候中存活任何一秒，即使如此，你還是可以蓋一個好天氣專用的臨時圍欄，不過要是你住在美國西部、非洲中部或西班牙南部的沙漠，氣候與鬆獅蜥在澳洲的原生地非常接近，那麼戶

太陽池

充氣游泳池只要能防止鬆獅蜥逃脫，就是非常好的遊樂或曬太陽設施。將游泳池放在後院裡接受太陽直射的區域，就能讓鬆獅蜥像在野外一樣曬太陽。一定要在游泳池裡放置多個躲藏處，鬆獅蜥有時會需要躲避太陽直射。每週讓鬆獅蜥在游泳池裡曬幾個小時的太陽，將會對牠的活動力、食慾、顏色和整體健康有驚人的助益。

外圍欄將會非常適合你。任何地方只要夏季白天最高溫達到接近 100℉（37.8℃），夜間溫度不低於 69°至 75℉（20.6°至 23.9℃），就容許把鬆獅蜥養在戶外，但是要記得事實上除了澳洲內陸或中非之外，沒有地方可以整年把鬆獅蜥養在外面，許多北美飼主一年中有七或八個月的時間把他們的鬆獅蜥養在戶外，冬天時收回來。

建造

建造一個戶外籠舍有許多選項，因為空間是唯一的限制。大多數戶外籠舍都從許多 4 英吋 ×4 英吋（10 公分 ×10 公分）的木樁用水泥固定在地上開始，最後會組成一個長方形（或你喜歡的其他形狀），然後做出一個人能夠進去的入口。大部分飼主會做兩個門，內門和外門，進入籠舍時就沒有鬆獅蜥能偷跑出來，你可以買現成的紗門或是自己做，看你的技巧如何。

將細目鐵網沿著每個木樁內側固定做出牆壁，確保密閉所有接縫處以及支撐任何鬆垮的角落，鐵網的網目應該要小到只有小指頭能穿過；

友善提醒

利用小貼紙讓你記得更換紫外線燈炮。每次更換燈泡,將下次應該更換的日期寫在小貼紙上,貼在燈座上不突兀的位置。

我們都不希望心愛的寵物跑走不見。由於鬆獅蜥是攀爬高手,你也會需要在籠舍上方加一個網蓋屋頂。

其他建造戶外籠舍的選項包括用鐵軌枕木或煤渣磚製作,兩者的安全度都不如鐵網籠,但有些飼主確實成功地用來養鬆獅蜥。

安全

你的戶外籠舍必須要夠牢固讓鬆獅蜥乖乖待在裡面,同時也要擋得住討厭的入侵者,例如蛇、狐狸、郊狼(郊狼能夠輕易且迅速挖穿籠舍的鐵網下方大搞破壞)、鷹、臭鼬、貓以及看你居住的地區有什麼動

曬太陽的鬆獅蜥會攤平牠們的身體,盡可能讓更多的皮膚接收陽光(或加溫燈)。

物。有一些措施可以防範掠食者攻擊，用水泥固定木樁的時候，在每個木樁之間挖一條一英呎深的溝，像是用護城河把籠舍圍起來一樣，當你把鐵網固定上木樁時，將鐵網延伸到溝槽底，接著再把土填回去，如此一來你就有延伸到地底的鐵網，能夠抵擋大多數會挖洞的掠食者鑽進去傷害你的鬆獅蜥，剛好也有防止鬆獅蜥挖洞出去的效果。

第二種方法我聽說很有效，是在籠舍牆壁下半部加裝兩層鐵網，一層裝在木樁內側，一層裝在木樁外側，要確定你的鬆獅蜥被限制在內層鐵網的範圍裡，無法接觸到外層鐵網，將外層鐵網（大約牆壁的一半高度）接上通電柵欄供電器。

結果就是想靠近籠舍的掠食者會先碰到外層鐵網，受到猛烈的電擊

圍欄

如果你把鬆獅蜥養在戶外，你可能會希望將後院圍起來。鬆獅蜥籠舍放在有圍欄的院子裡有數個優點，如果你的鬆獅蜥試圖逃跑，牠還需要通過圍欄才行，幫你爭取更多時間搜尋逃跑的寵物，圍欄也能擋住對鬆獅蜥有害的野生動物，另外也能嚇阻想要進去你家後院偷或傷害鬆獅蜥的人。

樹的好處

打造戶外鬆獅蜥籠舍時，蓋在大樹旁邊是個聰明的選擇，樹木不只能在白天提供遮蔭，吸引來的昆蟲、蜘蛛、毛毛蟲、蟋蟀、甲蟲、蒼蠅和其他無脊椎動物的大雜燴，也會掉進鬆獅蜥籠舍裡，這些昆蟲是絕佳的營養補充，不過要注意不可以將籠舍蓋在使用殺蟲劑、除草劑或其他農藥的區域附近。

我甚至看過有些籠舍裡種植開花植物，因此吸引了一大堆昆蟲直接送進鬆獅蜥的嘴巴。此外鬆獅蜥也會吃花朵。

混養與配合

在戶外籠舍混養鬃獅蜥時要小心，因為雄性之間的領域爭奪戰仍是個問題，就算每隻動物看起來都各自有足夠的空間。跟室內籠舍同樣的概念，混養大小各異的個體不是個明智的決定，亞成體與成體養在一起很容易遭受嚴重的霸凌，因此亞成體與亞成體養在一起，成體與成體養在一起。

而打退堂鼓！但要注意內外層鐵網沒有互相接觸，否則原本用來保護的電流反而會對鬃獅蜥造成嚴重傷害，有些飼主用橡膠絕緣體徹底把內外鐵網隔開。

內部

蓋好安全的戶外籠舍之後，接著就是裝潢啦，大石頭、煤渣磚、木塊和其他攀爬物，以及充足的躲藏點都是鬃獅蜥需要的，家具的多與少取決於鬃獅蜥的數量，理想狀況是你的籠舍每天都有大量陽光直射，空間也足夠讓全部鬃獅蜥都曬得到太陽。然而若籠舍的陽光有限，你會想確保每隻鬃獅蜥都能曬到，用木塊或木板製作多層式的棲木是個好方法，能為大量鬃獅蜥製造曬點。雖然牠們很喜歡太陽，但不要忘記提供陰影處，讓鬃獅蜥可以調節體溫，牠們也會自己挖個涼爽的洞。

讓你的鬃獅蜥待在戶外的主要好處是可以接觸到自然的陽光。

戶外籠舍通常比室內的更大，容許你養更多隻鬃獅蜥。

在戶外籠舍裡種些植物可以增加美觀以及讓鬃獅蜥有些東西吃，要知道植物可能需要定期更換，因為會被鬃獅蜥吃掉及踩踏。食物章節裡列出的可食用植物都能種在籠舍裡，根據所在地的氣候選擇適合的植物，能夠耐旱的植物最佳，因為你不會想要籠舍裡變得太潮濕。

大而淺的水盆也是必需品，因為鬃獅蜥養在戶外需要更經常喝水，在各個角落放置多個水盆比只在中央放一個水盆來得好，因為一旦唯一的水盆髒掉了，鬃獅蜥們在你換水之前就只能喝髒水。

食盆也是同樣道理，與其單一個大的食盆，不如放置兩三個食盆在各處，因為有優勢的動物會霸凌比較小、比較虛弱的對手，把對手趕離食物，藉由組合多個食盆和水盆，可以確保所有居民都能取得維持生命的營養。

多少隻？

許多種類的爬蟲類和兩棲類可以成功地以兩隻或群體飼養在同個籠舍，但理論上鬃獅蜥應該要單獨飼養，鬃獅蜥的天性是有領域性的動物，在野外會建立階級制度，最大的雄性其領土最大，繁殖季期間，雌性可以自由通過雄性的領域，但敵對的雄性入侵的話就會遭受到點頭、鼓起鬍子或其他威脅行為。

把鬃獅蜥養在戶外時，記得要提供遮蔭和曬太陽區。

　　人工飼養的鬃獅蜥也保有這些行為，如果是一個很大的籠舍養了很多隻鬃獅蜥，雖然每隻蜥蜴都擁有自己的棲木、加熱設備和躲藏處，但是階級制的天性讓只有領導地位的雄性才能使用最好的棲木、躲藏點等等，為了避免鬃獅蜥王獨佔餐桌，在籠舍裡各角落擺放食盆，確保每隻鬃獅蜥都吃得飽。一般普遍接受 125 加侖（473 公升）適當布置的籠舍，只能給予兩隻成體或三隻幼體充足的空間，過度擁擠會造成一連串負面影響，包括增加鬃獅蜥的壓力、免疫系統低落、失去食慾以及室友之間互相爭鬥，群體裡面最大隻的鬃獅蜥攻擊、啃咬、毆打比較弱小的同伴也不是沒聽說過。

　　體型相異的鬃獅蜥絕對不可以養在同個籠舍，不論空間有多大，因為只要發生侵犯領域的事件就很有可能導致小隻鬃獅蜥受傷、殘疾甚至死亡（儘管很罕見），成體鬃獅蜥也會把幼體或小隻的亞成體看作食

物，把自己的室友吃掉，就連體型相近的鬆獅蜥，如果養在太小的籠舍裡也容易導致殘暴的領域爭奪戰。

根據我的經驗，多隻雌性養在一起通常比較和平，比較少衝突發生，而雄性混養傾向於出現更頻繁的攻擊行為，這些攻擊行為以我自己的經驗來說，尤其容易在三至六歲的雄性身上看到，我相信原因是處於此年齡範圍的動物在野外如果要散播自己的基因的話，必須努力建立社會優勢。

就算是大型的戶外籠舍，雄性彼此之間還是會起衝突，因此每個籠舍只能養一隻雄性。

第四章

餵食

餵食是養鬃獅蜥的一大重點，新手和年輕的飼主特別喜歡觀賞他們的鬃獅蜥吃飯時歡天喜地、戲劇化的熱情表現。年幼的鬃獅蜥會環繞牠們的獵物，扭動牠們的小身體，伸長脖子並且估算距離，準備進行最後的撲擊。成體鬃獅蜥也不遑多讓，蓄力、張大嘴巴然後吞下眼前任何活的食物！餵食鬃獅蜥永遠都不會無聊，這是一個盡情欣賞鬃獅蜥的好機會，手餵蟋蟀是與你的鬃獅蜥互動的好方法，但是要小心，飢腸轆轆的成體和亞成體鬃獅蜥可能會太興奮了，無法分辨肥嫩的蟋蟀還有飼主的手指！餵食夾或是皮手套可以保護手指不被咬。

野外食物

　　鬚獅蜥在野外屬於機會主義的雜食性動物，菜單端看當下能取得什麼食物，野生鬚獅蜥處於植物茂密的區域時，會吃葉子、芽、嫩莖、莓果、水果、種子以及一大堆植物部位，當同一隻個體發現自己身在一個充滿昆蟲的地方時，牠會開心地用不幸經過眼前的無脊椎動物塞滿肚子，大隻的成體鬚獅蜥當機會出現時也會吃老鼠、小鳥、其他蜥蜴甚至小蛇，相當多樣的獵物和植物提供鬚獅蜥成長及維持健康所需要的維生素、礦物質還有營養。

寵物食物

　　雖然人工飼養不可能完美模擬野外多樣化的食物，但我們可以盡可能給予多種活體動物和素食，動物性食物包括蟋蟀、麵包蟲、蠟蟲、果蠅、麥皮蟲、蟑螂、乳鼠、小蜥蜴（變色蜥和壁虎）還有成體老鼠。植物性食物包括綠色和紅色萵苣、羽衣甘藍、綠葉甘藍、胡蘿蔔和胡蘿蔔頭、芥菜、芝麻葉、香芹、秋葵、甜椒、苜蓿芽、去皮葡萄、四季豆、混合冷凍蔬菜、蘿蔓生菜、豌豆、扶桑和蒲公英的葉和花，必須不含殺蟲劑和肥料，以葉片為主其他材料為輔增加多樣性，一個簡單快速準備蔬菜的方法是用食物處理機切成大塊，用手持起司刨絲器處理蔬菜的效果也不錯，尤其是硬的材料，例如紅蘿蔔、地瓜和南瓜。

　　也可以餵食罐裝的爬蟲飼料，但別太常用，因為這類產品無法提供鬚獅蜥需要的食物多樣性以及長期的營養平衡，我餵食罐裝飼料每週不會超過一次，因為吃太多市售的飼料很快就會導致肥胖。

鬚獅蜥是雜食性的機會主義者，會吃很多元的植物和動物。

腸道裝載

必須記得大多數活體食物無法提供鬚獅蜥所需的所有營養，為了要補償營養平衡，建議所有飼主在把食物餵給鬚獅蜥之前先進行腸道裝載（gut-loaded）。腸道裝載是一個四十八小時的過程，將活體食物，主要是蟋蟀和麵包蟲，放進一個獨立的容器，在地板鋪上熱帶魚飼料、乾燥狗飼料、和／或寶寶即食麥片，還有紅蘿蔔、地瓜、柳橙片，以及綠色蔬菜的莖補充水分和額外的營養。

接下來的四十八小時，裡面的昆蟲會吃下這些營養豐富的食物，接著餵給鬚獅蜥就能將營養轉移過去。餵食腸道裝載的昆蟲給年幼或生病的鬚獅蜥，牠們成長和復原的速度都會有顯著的變化，爬蟲專用的維生素和礦物質補充品也可以灑進腸道裝載的食物上，我強烈建議所有鬚獅蜥飼主實行腸道裝載。

維生素與礦物質

如同其他營養一樣，維生素與礦物質在鬚獅蜥的成長與長期健康中扮演重要的角色，其中最值得注意的是維生素 D3 和鈣質，是組成堅固的骨骼和牙齒的必要物質，對於懷孕雌性蛋殼的形成也很重要。記得必須要將鈣質和維生素 D3 同時給予，因為鬚獅蜥如果攝取的維生素 D3 太少的話，將無法完全代謝鈣質。

給鬚獅蜥鈣質和 D3 的量取決於牠所接收自然陽光的量以及年齡，陽光中的紫外線會刺激鬚獅蜥的皮膚合成維生素 D3，養在戶外的成年

蠟蟲小提醒

蠟蟲是蜂巢裡的害蟲，以蜂蠟和蜂蜜為食，由於牠們的食性特殊，因此很難腸道裝載，最好在購買後的幾天內就餵給鬆獅蜥。另外，這種昆蟲的脂肪含量高，最好不要餵太多，除非你想快速增加鬆獅蜥的體重。

個體，接收大量未過濾的陽光，需要的營養補充比較少，大概每週一次即可，幼體（零至四個月大）每天都需要補充 D3 和鈣質，亞成體（四至十八個月大）每週需補充三至四次。

注意你提供的鈣質補充品種類，含有磷的鈣粉鈣磷比至少要達到 2:1，3:1 更佳，給予鬆獅蜥其他維生素和礦物質時要小心，有些維生素攝

取過量時會造成傷害。舉例來說，維生素 A 留存在鬆獅蜥身體裡，太頻繁攝取的話會產生毒性；為了要防止維生素 A 中毒，可以用含有 β-胡蘿蔔素的補充品取代其他種類的維生素。綜合維生素用在幼體每週不超過兩次，成體和亞成體每週不超過一次。要確定維生素和礦物質補充品是爬蟲類專用的，不可使用為鳥類、狗狗或其他動物設計的補充品。

綠色蔬菜是營養豐富的食物之一。

餵食排程

藉由密切觀察你的鬃獅蜥吃多少還有何時吃，你就能掌握牠應有的成長速度及可能缺少的營養，同時防止過度餵食和肥胖。當然每隻鬃獅蜥都不一樣，生命中不同的階段所需要的食物和營養也不同，因此我設計了三個不同的餵食排程範例，分別是幼體、亞成體和成體，餵給你的鬃獅蜥在五分鐘內能吃完的量。

拒絕菠菜

避免餵食菠菜或其他近似的植物（莧菜、甜菜、莙薘菜）給鬃獅蜥，這些植物含有一種鈣結合化學物質，會讓鬃獅蜥無法代謝攝入的鈣質，飲食中含有太多菠菜的鬃獅蜥可能罹患骨骼代謝症，儘管牠們看起來有攝取足夠的鈣。

幼體

幼體階段是鬃獅蜥一生中最脆弱的時期，這段期間讓小蜥蜴攝取充足的營養非常關鍵，幼體的意思是四到五個月以內的小朋友，食物的量很重要，但食物的大小同樣關鍵，絕對不可以給幼體超過牠們頭部大小的食物，餵食太大的昆蟲會造成幼體嚴重的傷害、殘疾或死亡，果蠅、針頭蟋蟀和四分之一吋蟋蟀，以及最小的蠟蟲都是很棒的選項。

由於幼體鬃獅蜥無止盡的胃口，牠們會嘗試吞下更大的獵物，吃下過大食物的鬃獅蜥寶寶可能會癱瘓甚至死亡，麵包蟲似乎問題特別大，餵幼體鬃獅蜥吃麵包蟲的話很常導致癱瘓，千萬

鬃獅蜥會用牠們黏黏的舌頭捕捉小昆蟲，雖然牠們的舌頭不像變色龍為了此目的而特化。

不要給小於四到五個月大的鬆獅蜥吃麵包蟲。

由於鬆獅蜥寶寶正在快速成長，牠們需要的營養和成體不同，就跟人類小孩一樣，牠們應該要獲得比成體更高比例的昆蟲和其他動物性蛋白質，幼體鬆獅蜥的菜單應該包含 60 至 80% 的動物性蛋白質和 20 至 40% 的蔬菜，而另一方面成體只需要 20 至 25% 的動物性蛋白質和 75 至 80% 的蔬菜。

由於這個時期的代謝速度快，因此鬆獅蜥寶寶每天要餵好幾次，每天提供小昆蟲三到四次，如果沒有事先在腸道裝載的食物中加入補充品的話，每天一餐加入鈣質、D3 粉，如果你只餵吃了補充品的昆蟲，就無須另外沾粉。

每週至少提供切碎的蔬菜三次；每天的話更好，確保蔬菜都切細磨碎。你的鬆獅蜥某幾天會特別餓，要是星期一吃太多，星期二就吃不太下，這樣是沒問題的，幼體鬆獅蜥處在快速成長的階段，牠們會依據代謝的情況進食。一隻環境適當、充分加溫、健康的鬆獅蜥寶寶，很少會在餐桌上客氣。另外也要記得因為鬆獅蜥寶寶的代謝率太高了，而儲存的能量太少，因此不可忘記餵食，跟亞成體和成體鬆獅蜥不一樣，鬆獅蜥寶寶真的

只給幼體鬆獅蜥小獵物非常重要，圖中的蟋蟀似乎對鬆獅蜥寶寶來說太大了。

有可能在幾天內餓死，照著餵食排程表提供食物，就算牠拒食或看起來不餓。

如果你在一個籠舍裡養多隻鬃獅蜥寶寶，要確保每隻都有足夠的東西吃，很常見到身強體壯的幼體在吃飯時驅趕比較弱小的兄弟姊妹，如果小隻的鬃獅蜥吃得不夠，牠們很快就會衰弱死亡，為了防止悲劇發生，必要時要將鬃獅蜥分開餵食。

挑食的蜥蜴

有時挑食的鬃獅蜥會從盤子裡挑出特定的蔬菜吃，其他不合胃口的就放著，長期下來可能會造成營養不均衡，為了阻止挑食行為，將蔬菜徹底切碎混合，讓鬃獅蜥很難挑出自己喜歡的。

亞成體

當你的鬃獅蜥已經四到五個月大的時候，就被認為是亞成體階段了，可以降低餵食頻率。亞成體指的是五到十八個月大的鬃獅蜥。

亞成體鬃獅蜥已經長大並且儲存了一些脂肪，因此不再需要每天餵食三次，再者牠們的成長速率趨緩，太頻繁進食的話會造成肥胖與不健康。亞成體鬃獅蜥需要每天一次昆蟲加上每週至少四次蔬菜，多樣化的食物仍必須搭配定期補充維生素和礦物質，每週一次補充綜合維生素，以及每週三餐補充鈣質、D3 粉。

由於亞成體比幼體時更大更壯，可以解鎖一些幼體禁食的食物了，包括麵包蟲和粉紅乳鼠（只能每兩到三週一次），記得所有的獵物都要比鬃獅蜥的頭部小，另外重要的一點是你要開始增加蔬菜的分量，並且稍微減少動物性蛋白質的分量。

成體

當你的鬃獅蜥達到成年期之後，也就是十八個月大或更年長，餵食排程就變得很隨性了。除了要繁殖的雌性之外，每天至隔一天輪流提供

餵食範例

鬃獅蜥寶寶一週的餵食清單範例

星期一	09:00 AM	3 隻沾維生素／鈣粉／D3 的針頭蟋蟀
	中午	2 隻針頭蟋蟀
	04:00 PM	2 隻針頭蟋蟀
星期二	09:00 AM	5 隻沾鈣粉／D3 的果蠅
	中午	切碎的甘藍菜／混合蔬菜
	04:00 PM	3 隻針頭蟋蟀、切碎的葡萄／甘藍菜
星期三	09:00 AM	3 隻沾鈣粉／D3 的針頭蟋蟀
	中午	2 隻針頭蟋蟀
	04:00 PM	1 隻蠟蟲
星期四	09:00 AM	6 隻沾鈣粉／D3 的果蠅
	中午	切碎的甘藍菜／紫花苜蓿
	04:00 PM	1 隻蠟蟲
星期五	09:00 AM	2 隻沾維生素／鈣粉／D3 的針頭蟋蟀
	中午	3 隻針頭蟋蟀
	04:00 PM	3 隻針頭蟋蟀
星期六	09:00 AM	3 隻沾鈣粉／D3 的針頭蟋蟀
	中午	切碎的紫花苜蓿／葡萄／羅曼萵苣
	04:00 PM	2 隻針頭蟋蟀
星期日	09:00 AM	4 隻沾鈣粉／D3 的針頭蟋蟀
	中午	1 隻針頭蟋蟀
	04:00 PM	6 隻果蠅

昆蟲和蔬菜，每週一次加入維生素、鈣質、D3 補充品。

也可以提供給成體鬃獅蜥乳鼠、成鼠、狗罐頭以及小蜥蜴當作零食；每三週到一個月最多一次，成體鬃獅蜥特別容易變胖，所以監控鬃獅蜥的狀況然後必要時調整食物量。

盡可能給鬃獅蜥最多樣化的食物，這隻鬃獅蜥的菜單是豌豆、紅蘿蔔和泡水的兔子飼料。

捕捉食物

　　有許多飼主餵野外捕捉的昆蟲給他們的鬃獅蜥，例如蚱蜢、蝗蟲、蜘蛛、甲蟲和蛾，雖然這是一個可行又省錢的方法，但有幾點必須注意。你必須要百分之百確定你蒐集來的昆蟲不含殺蟲劑，噴灑在農作物和土地上的除草劑、殺蟲劑、肥料以及其他農用化學藥品可能會沾附在昆蟲身上，你的鬃獅蜥吃了受污染的昆蟲就很可能會中毒死亡。另外你也要熟悉你所在區域任何有毒的昆蟲，例如螢火蟲、東苯蝗（lubber grasshopper）以及許多毛毛蟲都有毒，吃到這些蟲會讓鬃獅蜥生病或甚至更糟。

餵食的困擾

　　餵食鬃獅蜥活體食物時，馬上就會遇上逃脫的問題。在鬃獅蜥籠舍裡自由晃蕩的蟋蟀會迅速躲到石頭後面、木頭下方或其他能躲避鬃獅蜥的地方，每次只餵一隻蟋蟀是一個方法；只需要鎖定一個移動目標時，你的鬃獅蜥應該能毫無障礙的獵殺目標。受傷、生病或非常小的鬃獅蜥時可以用餵食夾餵食，每次餵一隻蟋蟀，就無須為了獵捕活體而過度活動以及感到壓力。

　　你不應該讓蟋蟀在籠舍裡遊蕩的另一個原因是，如果你的鬃獅蜥肚子不餓，牠就不會吃，沒被吃掉的蟋蟀會啃咬鬃獅蜥，雖然聽起來難以置信，但要記住蟋蟀是貪婪的雜食性動物，一群飢餓的蟋蟀能夠對被困

麥皮蟲或類似的獵物最好用碗或其他容器裝著，就不會鑽進底材裡。

壞蟲

　　雖然大多數你可能在後院或花園裡找到的昆蟲、蠕蟲、蜘蛛和其他無脊椎動物都是鬃獅蜥不錯的食物，但有些種類必須要避開，它們有毒、邪惡又對你的寵物有威脅。

- 螞蟻
- 蜜蜂、胡蜂、黃蜂
- 毛毛蟲（要看種類）
- 蜈蚣
- 螢火蟲
- 東苯蝗
- 蠍子

　　在籠舍裡無處可逃的倒楣鬃獅蜥造成嚴重的傷害，就算蟋蟀沒有去咬鬃獅蜥，一大堆六隻腳的入侵者到處爬來爬去也會讓鬃獅蜥受到緊迫。

　　麵包蟲也有逃脫的困擾，直接放在底材上的話它們會立刻鑽進底下不出來，永遠不被鬃獅蜥發現，為了防止這種事情發生，將各種不同蟲放在它們無法逃脫的斜邊碟子裡，所有蟲都隔離在碟子裡就能讓鬃獅蜥自己決定什麼時候要吃，蠟蟲和乳鼠也能用這種方式餵食。

鮑伯怎麼了？

　　我擁有的第一隻鬃獅蜥名字叫做鮑伯，差不多在牠十八個月大時，我開始餵牠吃附近田裡抓到的蚱蜢，鮑伯當然愛死了新的昆蟲，牠總是把我給的蚱蜢都吃光光。秋天開始時，我盡可能地蒐集蚱蜢，然後把它們放進冰箱，但這種野生昆蟲的供給只撐不到一個月，吃完之後我回過頭餵食寵物店買的飼料昆蟲，鮑伯拒絕了，牠抵制蟋蟀，對麵包蟲和蔬菜不屑一顧，在吃過野生蚱蜢這種珍饈之後，鮑伯從來沒有再吃過蟋蟀、麵包蟲、蠟蟲或任何其他飼料昆蟲，只靠著極少量的蔬菜過活，在我用針筒強制灌食以及使用食慾促進劑幾個月後，鮑伯終於脫離餓死邊緣。

　　所以我的讀者們要注意啊，千萬不要拿那種無法供應一整年的食物給鬃獅蜥吃。此外，持續給予寵物店的昆蟲和飼料，配合你抓到的獵物。鬃獅蜥是善變的動物，無法預測牠哪天突然開始挑食，你絕對不會想讓自己的寵物遭受跟鮑伯一樣的痛苦。

水

　　身為沙漠的子民，鬃獅蜥演化成能夠從昆蟲和多汁的植物中取得大部分的水分，但是人工飼養則必須提供牠們裝有乾淨新鮮飲用水的淺盤子。每天清洗，因為死水是細菌和真菌生長的完美介質，讓鬃獅蜥從污穢的盤子裡喝水等同於引入疾病。要注意水盆不能深到讓鬃獅蜥掉進去爬不出來；尤其是對幼體來說。由於鬃獅蜥無法承受高濕度，因此要確保水分蒸發之後不會明顯增加籠舍的相對濕度，選用小水盆配上通風良好的籠舍避免問題發生。

第五章

抓取和寵物美容

除了史前巨獸般的外表之外，鬃獅蜥能夠如此吸引人的另一個原因是可以抓起來，牠們似乎喜歡被撫摸，程度幾乎和狗一樣，鬃獅蜥會靜靜地坐在飼主的肩上或攤開的手掌好幾個小時，吸收哺乳類的體溫，讓自己覆滿鱗片的背被來回撫摸，這種喜愛被摸的個性讓鬃獅蜥非常受到小孩和希望與寵物蜥蜴擁有實際連結的飼主歡迎，但就和所有動物或寵物一樣，觸摸有一些規矩要遵守，才能守護鬃獅蜥和飼主的健康快樂。

幼體

　　鬆獅蜥寶寶顯然是最脆弱的，在這個緊要的關頭，鬆獅蜥寶寶非常脆弱，如果真的一定要抓取，必須要非常小心，飼主最好是克制住非必要的觸碰，直到鬆獅蜥寶寶至少四到五週大。

　　如果逼不得已要抓取剛出生或非常小的個體，重點是絕對不可以突然抓住牠，因為這個時期的骨頭非常脆弱，很容易斷掉，抓的太緊也會造成器官內傷。解決辦法是將手緩緩伸進籠舍，手掌向上攤開放平在底材上，用另一隻手輕輕把鬆獅蜥寶寶趕向手掌，讓牠自由地走到手掌上，然後輕輕將手指合起來環繞住鬆獅蜥，再把手抽出來。

　　千萬不要將小鬆獅蜥（或任何年齡的鬆獅蜥）抓離地面太高，因為一點突然的動作都可能嚇到牠，導致牠跳下墜落一大段距離。在桌子或軟墊上抓取鬆獅蜥，就算牠真的逃跑了也不會掉太遠或是撞太大力。把鬆獅蜥放回去時也一樣，將牠趕到手掌上，手指合起來，放進籠舍裡，打開手掌，讓鬆獅蜥自行爬回去。

可以做與不能做的事

　　當你的鬆獅蜥超過三至四個月大後，牠會變得更結實而且可以承受一般抓取的力道了，然而要注意的是應該讓鬆獅蜥自己決定要不要離開或回去籠舍。舉例來說，不可以強行拉起攀在棲木上的鬆獅蜥，除非牠自己放手，抓的人應該要嘗試將鬆獅蜥誘導離開棲木，或是等到牠自己坐在沙上後，再將其抓出，

誘導幼體鬆獅蜥爬上手通常會比直接抓起來好。

猛然將鬆獅蜥從棲木上扯起來會傷到牠的爪子和腳。

同樣地，對於蜥蜴解剖構造不熟悉的人要注意，鬆獅蜥的尾巴很容易斷掉，雖然會長回深色、覆蓋奇怪鱗片的尾巴，但還是盡量不要從尾巴抓起蜥蜴或施加過度的壓力到尾巴上，斷尾是個血腥又痛苦的事情，可避免的狀況下不應該讓鬆獅蜥經歷這種痛苦。

許多飼主利用抓鬆獅蜥出來的這段時間讓鬆獅蜥到外面吸收陽光，也有些人趁這時候用手餵食，但要注意抓取時餵食小量食物是可以的，而真的要吃飽只能在籠舍裡面，因為抓取吃飽的鬆獅蜥會造成消化問題甚至是嘔吐，餵食後至少三至四小時內不要抓取鬆獅蜥。

正確的抓取時間應該讓你和你的蜥蜴能夠舒服的互動，在一般的情況下，鬆獅蜥趴在你的大腿或手上休息時，會享受你身體產生的溫度，感到自在的鬆獅蜥應該會保持警

寵愛你的寵物

記得要常常抓出你的鬆獅蜥，常態性的抓取可以讓鬆獅蜥保持友善，並且可以藉由新奇的體驗和互動降低牠的壓力，如果我們想要鬆獅蜥真正成為寵物，必須要常常抓出來寵愛牠。

抓著鬆獅蜥的時候，盡量支撐牠的體重；不要讓牠懸空。

- 絕對不要從尾巴
  把鬆獅蜥提起或拉扯鬆獅蜥。
- 絕對不要把鬆獅蜥從樹枝或棲木
  硬拉起來。
- 絕對不要摸完鬆獅蜥沒有洗手就
  把手放進嘴巴。
- 絕對不要在觸摸鬆獅蜥或清潔籠
  舍時吃喝東西。
- 絕對不要讓鬆獅蜥在沒有看管的
  情況下四處遊蕩。

覺，對於你的任何動作有所反應，但是不會嚇到或神經兮兮。鬆獅蜥四處徘徊、舔你的手和手臂、大致探索周邊環境是很正常的，而過度想要逃跑、被抓著時爪子亂揮亂抓以及其他神經質的舉動，都是鬆獅蜥不開心的跡象，應該要將牠放回籠舍了。

在寒冷的屋子裡待太久的鬆獅蜥會變得無精打采且行動遲緩，這代表牠需要被放回溫暖的籠舍裡維持體溫。

馴服

另一個要考慮的點是所謂的「馴服（taming）」，從來沒有被人類抓取過或是在極高溫環境孵化的鬆獅蜥，可能脾氣會異常暴躁，甚至想嘗試咬人。冷酷的態度配上成體鬆獅蜥強而有力的嘴巴，想抓牠的話會讓你獲得一個血淋淋的咬痕。

要馴服這種好鬥的動物的關鍵

注意到外擴的鬍子和張開的嘴巴，這隻鬆獅蜥不開心，必須要小心觸摸。

是決心與快速的反射動作，從成體鬆獅蜥的身體中段抓住牠將牠移出籠舍，摸摸牠的身體和背，記得手指要與鬆獅蜥的嘴巴和牙齒保持距離，持續幾週這樣厚臉皮的觸摸之後，你的鬆獅蜥很快就會理解你沒有威脅性，然後接受你是牠的飼主，如果每天都抓出來的話，幾乎所有鬆獅蜥都會在一個月內平靜下來，好消息是兇巴巴的鬆獅蜥就像是月全蝕或太陽閃焰：你知道它們存在，但可能一輩子都不會遇到。

衛生

所有寵物都一樣，衛生絕對是不可忽略的環節。我們愛鬆獅蜥，甚至把牠們當作家人看待，但事實上牠們是住在非無菌環境的動物（甚至打掃得一塵不染的籠舍仍有細菌存在），鬆獅蜥腳爪周圍的皮膚和鱗片中間縫隙藏匿的細菌可能會使人類生病，因此在摸完鬆獅蜥之後一定要立刻用抗菌肥皂洗手，不可以把鬆獅蜥的任何部位放進嘴巴、不要讓牠在臉上爬、不要在把玩鬆獅蜥或清理籠舍的時候揉眼睛或吃東西。

雖然有些人將爬蟲類描述成可怕的沙門氏菌帶原者，但事實上觸摸爬蟲類這件事跟我們每天進行的活動沒有兩樣。我們都會穿鞋，但鞋子不會讓我們生病，因為我們都知道不要去舔鞋底，鞋底很髒而且帶有大量致病的細菌和微生物。同樣地，很多美國人吃炒蛋，但有誰會打了蛋，在碗裡攪拌好，然後在料理台上放兩天才煮來吃？很顯然沒有人這麼笨（至少我希望沒有人這麼笨），所以觸摸爬蟲類也是一樣的道理；

常識補給站

監督任何有可能抓取鬆獅蜥的兒童，小朋友可能會太過粗暴地擠壓及傷到鬆獅蜥。另外，年紀小的孩子喜歡把東西放進嘴巴，考量衛生及細菌問題，不應該讓小孩把鬆獅蜥的任何部位放進嘴巴，也不應該沒有洗手就吃手手，事實上不管再怎麼溫馴的爬蟲類都不應該靠近小朋友的臉。

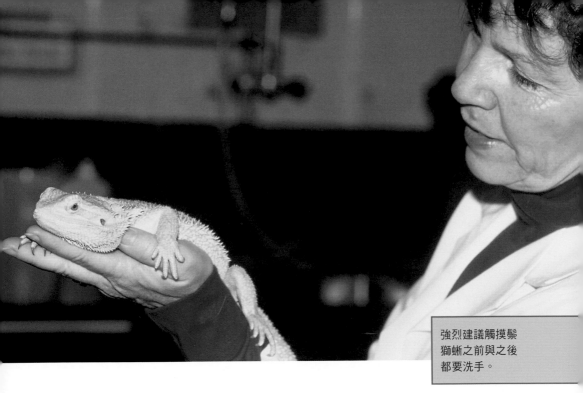

如果你可以遵守廚房的衛生規定，你也可以遵守爬蟲類籠舍的衛生規定。

雖然爬蟲類身上會帶有一些細菌，但是為鬃獅蜥維持一個乾淨的環境是身為飼主的責任，住在髒亂環境（大便、尿、不乾淨的底材、死掉的昆蟲散落各處等等）的鬃獅蜥更容易成為病菌帶原者，所以摸過你的寵物之後要洗手，並且維持乾淨的環境，雙管齊下就可以遏止任何可能經由觸摸鬃獅蜥產生的疾病。

負責任的飼主應該要密切監督孩童抓取鬃獅蜥，成年飼主站在旁邊緊盯著小朋友的動作，可以阻止粗魯的行為和不衛生的舉動（例如在摸鬃獅蜥時揉眼睛或把手放進嘴巴），觸摸時間結束之後，要確定有摸過蜥蜴的小朋友徹底洗過手，任何有接觸的部位都要刷洗乾淨。衛生和常識是預防所有觸摸鬃獅蜥產生的問題和感染的關鍵。

衛生是一條雙向道，事實上人類每天會接觸到上千種可能對鬃獅蜥有危害的產品，香水、古龍水、清潔劑、化妝品、指甲油、潤滑劑、油

脂、樹脂以及數以萬計的其他化學物質都會在我們的手上累積，當我們觸摸鬃獅蜥時，牠們就會接觸到手上的化學物質，這件事情特別重要，因為鬃獅蜥很喜歡舔和品嚐飼主的手和皮膚，牠們不只外部會接觸到我們身上的東西，也會吃下這些化學物質，因此飼主在把手伸進籠舍之前徹底洗手（上至手肘）非常重要，就像我們不想因為鬃獅蜥身上的細菌而生病一樣，我們也不想讓鬃獅蜥受到我們皮膚上任何化學物質或髒東西的傷害。

剪趾甲技巧

手邊放一小罐止血粉是個好點子，以防你不小心把趾甲剪得太短，這種超有效的止血劑可以在藥局或超市找到，一小撮玉米澱粉效果也不錯，裝一點在瓶蓋或盤子裡，然後將流血的趾甲壓進去，需要時重複動作，血應該很快就會止住了。

寵物美容

你可能永遠都想不到蜥蜴也能寵物美容，但真的有，蜥蜴能做的寵物美容就只有剪趾甲，大型的成體鬃獅蜥會在無意間把飼主抓傷，傷口不只會痛，而且破皮的地方也有感染的風險。

用鳥類趾甲剪修掉鬃獅蜥趾甲的末端，操作時要小心有一條相當大的血管穿過爪子，看起來是一條小小蒼白的稜脊，從每個爪子底部的中間往下延伸，這條血管運輸驚人的血液量以及布滿神經末梢，因此要非常小心不要剪到了。如果你真的剪到肉，鬃獅蜥把手抽走是正常的，很顯然是被弄痛時的反應，用紙巾包住傷口直到不再流血，塗一點抗菌藥膏（含有一點止痛成分的更好），只剪爪子末端才不會剪到血管。

第六章

健康照護

鬃獅蜥（或任何爬蟲類）都不是可以隨便丟掉的動物，養鬃獅蜥的重要先決條件是要了解牠們可能有天會需要特殊的獸醫，提供寵物最大限度的健康照護是身為飼主的責任，必要時去看獸醫絕對是健康照護的一部分。

尋找獸醫

要找到對兩棲爬蟲類經驗豐富的獸醫師並不容易，這裡有幾個建議幫助你找到適合的獸醫，最好能在緊急狀況發生之前就先找好。

- 致電「特殊寵物」或「爬行動物」醫院的獸醫師詢問一些問題，以確保他們熟悉鬃獅蜥。
- 詢問在地的寵物店、動物園和動物收容所是否有推薦的醫生。
- 兩棲爬蟲動物社團很可能會知道有哪些在地獸醫能治療兩棲爬蟲類。
- 聯繫兩棲爬蟲獸醫協會：www.arav.org

如果你是第一次養鬃獅蜥，或完全是個爬蟲新手，你要做的第一件事就是找個好獸醫。專精於貓、狗和馬的獸醫在城裡或鎮上都很普遍，但專精於鱗片動物的獸醫就比較難找了，翻一翻電話簿或花個幾分鐘上網搜尋，應該就能找到專精兩棲爬蟲類醫療的獸醫，做好跋涉到另一個城鎮的心理準備。

受傷

受傷是鬃獅蜥最常遇到的問題，小心讓鬃獅蜥不要產生傷口、燒燙傷以及其他損傷。

燒燙傷

鬃獅蜥身上常看到的第一種傷害是燒燙傷，大部分是使用品質差的加溫石的後果，也可能是鬃獅蜥直接接觸到加溫燈或陶瓷加溫器所導致。

燒燙傷的嚴重性從輕微褪色和皮膚與鱗片起水泡，到開放性、燒焦、流血的傷口，任何形式的燒燙傷最好的治療就是預防，不要讓鬃獅蜥有機會直接接觸到加溫燈或陶瓷加溫器，因為這些設備會變得非常燙，可以在幾秒鐘之內造成毀容甚至致死的燒燙傷。加溫石在燒燙傷方面前科累累，如果組成石頭的聚合物或人工材質在某處特別薄，加熱線圈內部的溫和熱能可能會在這些地方達到危險的溫度，加溫石的瑕疵可以說是惡名昭彰，常燙傷鬃獅蜥的肚子，因此能不用就不要用。

即使是輕度燒燙傷也請儘快去看獸醫，針對皮膚和鱗片損傷、內部

真正遇到緊急狀況
之前先找好獸醫。

肌肉受損給予治療，特別是預防二次感染。嚴重的燒燙傷也會造成嚴重
脫水，注射抗生素以及外用藥膏是燒燙傷傷口恢復的標準療程，容我再
提醒一次，預防勝於治療。

傷口

　　跟燒燙傷一樣，開放性傷口很容易二次感染，必須要進行消毒來預
防，小割傷、切口和擦傷可以用家庭抗菌藥膏塗抹，含有止痛劑的安那
膚軟膏（triple antibiotic ointment）
效果良好，不只能預防感染還能舒
緩疼痛。傷口太深、狀況不妙或血
流不止則必須儘快交給獸醫處理。
　　再重申一次，傷口跟燒燙傷一
樣是預防勝於治療，鬆獅蜥籠舍裡
擺放過多粗糙的裝飾物可能會產生

健康檢查

　　購買鬆獅蜥後，
一定要帶去給獸醫
進行初步檢查，這是確保鬆獅蜥活
得長久、快樂和健康的第一步。

問題，火山岩或其他極粗糙的物品不可放入鬃獅蜥的籠舍內，因為鬃獅蜥柔軟的肚子很容易被這類材料割傷。帶有尖角或銳利邊緣的石頭或木頭不應該出現在鬃獅蜥籠舍中。

鬃獅蜥（尤其是雄性）可能會非常具攻擊性，這隻雌性因某隻好鬥的雄性失去她的腳，需要獸醫師治療。

養在狹小空間的鬃獅蜥們常會互相攻擊而受傷；雄性通常侵略性比較強，而雌性或小隻的雄性一般是受害者。由於鬃獅蜥擁有強壯的嘴巴和尖牙，因此咬傷很少是輕微的，通常受害者是處於一團糾纏不清又血淋淋的混亂中，我建議將任何被咬傷或毆打的動物立刻送給獸醫治療，打消想要自己處理小咬傷的念頭，因為鬃獅蜥的嘴巴充滿了細菌，因此咬傷很容易受到感染。

口鼻磨傷

口鼻磨傷是一種受傷，同時也是行為問題，常肇因於大隻鬃獅蜥被養在空間不足的小籠舍，當牠想要逃出去時，就會把口鼻磨到破皮流血，治療方式是將鬃獅蜥移至一個乾淨的隔離缸，然後用紗布加碘酒或雙氧水將傷口消毒。

當然如果造成口鼻磨傷的原因沒有一併解決的話，再多的治療都沒有用，一般來說，鬃獅蜥在環境無法滿足牠們的基本需求時，會把自己磨傷，一定要維持適當的居住條件、食物和空間足夠的籠舍，才能阻止口鼻磨傷。

鬚獅蜥偶爾會因為單純想要探索周圍的空間而磨傷，牠們不知道不管再怎麼努力都無法突破那層玻璃。解決方法是每天將鬚獅蜥帶出來運動，或是將籠舍的三面牆蓋起來，將玻璃缸壁噴漆成黑色或用深色、不透明的材質覆蓋，例如壁貼或美術紙，可以讓鬚獅蜥看不到外面，降低牠想出去探索房間的慾望。

寄生蟲
內寄生蟲

內寄生蟲是兩棲爬蟲飼主最常遇到且又棘手的問題之一，線蟲、吸蟲、原生動物和其他一大堆白吃白喝的生物常常困擾進口的蛇、蜥蜴、烏龜、陸龜和兩棲類動物。鬚獅蜥身上最常見的寄生蟲是球蟲，非常難以去除。

好消息是實際上所有的鬚獅蜥都是人工繁殖的，沒什麼機會染上寄生蟲，但這無法完全排除被寄生蟲感染的可能性，就算是最健康的鬚獅蜥，被養在骯髒的寵物店、批發商或個人家中也會迅速染上寄生蟲，藉由向名譽良好的賣家和繁殖者購買，並且不讓鬚獅蜥與其他兩棲爬蟲接觸，對於防範內寄生蟲大有幫助。

寄生蟲是無法解釋的體重流失的常見原因，但還是有其他可能性。

隱孢子蟲症

隱孢子蟲 (cryptosporidium) 是一種無法治癒的內寄生蟲，爬蟲飼主之間有時會簡稱「crypto」，病症本身則稱為隱孢子蟲症 (cryptosporidiosis)，症狀與其他寄生蟲感染類似，包括嘔吐、嚴重腫脹和腹脹以及體重迅速下降。飼主和商業繁殖者都很害怕隱孢子蟲，因為在出現症狀之前隱孢子蟲可以潛伏在動物體內長達兩年或更久。感染隱孢子蟲的動物註定會緩慢且痛苦地死亡，應該要人道安樂死。

如果你有養許多不同種類的兩棲爬蟲，隔離檢疫的工作就格外重要，新來的寵物進入其他寵物的房間之前至少要隔離一個月，以免寄生蟲互相傳染。爬蟲類特定的寄生蟲如果感染昆蟲，也可能從食物進入鬆獅蜥體內，雖然變色蜥和家裡的壁虎可以當作獵物。但飼主要知道變色蜥或壁虎身上的寄生蟲可能會傳染給鬆獅蜥。

如果你懷疑你的鬆獅蜥感染到寄生蟲，請立刻啟程去看獸醫，因為內寄生蟲極其危險，會對鬆獅蜥造成嚴重傷害。寄生蟲感染的症狀非常多種，依據實際侵擾鬆獅蜥的寄生蟲種類而定，可能出現的症狀包括：喪失食慾、無精打采、腫脹、血便或拉稀、嘔吐、無法解釋的體重下降、褪色及眼睛凹陷、動作遲緩、在糞便裡看到蟲體、便祕。一旦確診之後，靠著口服處方藥物或注射藥物通常都能治癒。

外寄生蟲

當然不是所有寄生蟲都住在裡面，蟎蟲是最陰險狡猾又可恨的寄生蟲之一，侵擾鬆獅蜥的皮膚和眼睛。蟎蟲的體型很小，直徑只有幾毫米，看起來像是紅色、灰色或黑褐色的小點在鬆獅蜥身上到處爬。蟎蟲用它們具有細小倒鉤的腳和錨狀的口器固定在鬆獅蜥身上，刺破皮膚吸取微量血液。

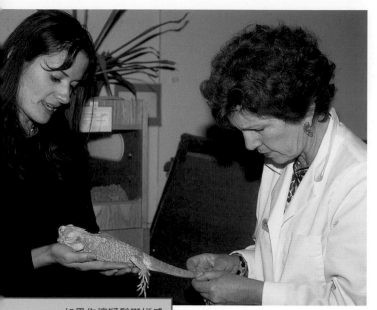

如果你懷疑鬆獅蜥感染寄生蟲，最好尋求獸醫治療而非自己嘗試解決問題。

一旦喝足血液之後，蟎蟲會從蜥蜴身上脫落，然後在籠舍裡的底材和家具上產卵，卵孵化之後（將會有上千顆卵），隨著新世代的蟎蟲大軍圍攻你的鬆獅蜥而造成感染大爆發，由於蟎蟲非常多產且幾乎都是大量出現，因此你必須要迅速進行診斷及治療，否則這種令人作嘔的節肢動物很快就會從鬆獅蜥身上吸取可觀的血量、降低牠的食慾、弱化免疫系統，導致極度緊迫與二次感染。

利用一種或綜合除蟎藥劑打破循環並且摧毀這些吸血鬼，侵入性最低以及壓力最小的方法是在清潔籠舍時讓鬆獅蜥泡澡並且隔離。在淺盆子加入溫水，讓鬆獅蜥泡進去，特別注意眼睛、口鼻、泄殖腔、皮膚的皺褶以及鬍子和脖子附近的鱗片，因為這些地方可能窩藏蟎蟲，浴缸裡無須加入肥皂或清潔劑，當你把蟎蟲大致上洗下來之後（記得要邊咒罵邊看著它們隨著漩渦流進它們的水墳墓），將鬆獅蜥弄乾然後放回隔離缸。

要去除籠舍裡的蟎蟲必須丟掉所有底材，活體植物也要丟棄，因為它

除蟲片

直到最近，標準的除蟎療法是用氣體式殺蟲片，然而愈來愈多證據顯示這種除蟲片會造成兩棲爬蟲類死亡或受傷，有時在使用的幾個月後才發生，最好避免使用。

刷刷鬃獅蜥

讓鬃獅蜥泡澡除蟎時，嘗試用老舊的軟牙刷幫牠刷刷，刷毛在鬍子、鱗片之間以及鬃獅蜥的全身按摩時，就可以剷除泡澡洗不掉、死命撐著的蟎蟲，記得要溫柔地刷。

們的毛孔、葉片、土壤和樹皮都可能藏匿蟎蟲，能丟掉的家具都丟掉，將廢棄物裝在塑膠袋裡綁緊，立刻拿出家門避免蟎蟲又爬出來回到鬃獅蜥身上。你想留下的裝飾品，例如大石頭、漂流木塊和樹枝棲木必須要徹底洗淨所有蟎蟲和卵，將要洗的物品用鋁箔紙包起來放進烤箱，以275°F（135℃）烘烤二至三小時，這個溫度不會破壞裝飾品卻可以摧毀所有躲在裡面的蟎蟲。

不要把人造物品放進去烤，例如玻璃、壓克力或塑膠，人造物品應該用漂白水清洗，將它們浸泡在稀釋漂白水中（大約10％）至少一個小時，但是一整天更好，之後用熱水徹底沖洗，確保洗掉所有殘留的漂白水，放回籠舍之前先擺著幾天讓它們通風晾乾。

一旦你洗乾淨所有裝飾物之後，現在要將整個缸子浸入漂白水裡，為的是要消滅藏匿在角落和縫隙裡的蟎蟲和卵，用漂白水清洗之後浸泡十八至二十四小時，然後**徹底**洗乾淨並風乾，確定缸子或任何結構上沒有殘留任何漂白水很重要，因為漂白水蒸發後會對鬃獅蜥產生嚴重的問題。

另一種除蟎的方法是將鬃獅蜥泡進食用

每年健康檢查可以確保你的鬃獅蜥長壽健康。

油 —— 蔬菜油、橄欖油、大豆油之類的，你要將鬃獅蜥完全又快速地浸入油裡再立即拿出來，用毛巾或破布吸乾身上的油，然後將牠放進隔離缸，隔離缸也用上述的方式處理過。浸油的方法確實在某種程度上會讓鬃獅蜥緊迫，不建議對六個月以下的鬃獅蜥使用。預期鬃獅蜥會在治療後的一至兩週內脫皮。

　　撲滅蟎蟲的第三種也是最後一種方法是帶感染的鬃獅蜥去看獸醫，獸醫會開立除蟎劑，很可能是伊維菌素（ivermectin），通常這種藥是噴在鬃獅蜥身上和籠舍，伊維菌素對烏龜和陸龜有毒，所以如果你有養烏龜，記得不要在牠們附近噴灑伊維菌素。

感染
爛嘴

　　爛嘴技術上來說稱為傳染性口腔炎，是一種發生在嘴巴和牙齦的細菌感染，一般來說是環境骯髒和低溫所引起，爛嘴幾乎不曾發生在健康的鬃獅蜥身上，症狀包括牙齦流血、拒食、牙齒變黑、嘴巴內部腫脹以及牙齒之間堆積乳酪狀、黃色的分泌物。

　　如果放任不管，爛嘴是會致死的，爛嘴造成鬃獅蜥莫大的痛苦，一旦發現必須要立即治療，如果太晚發現會變得更棘手，甚至可能導致顏面變形，一旦發現請立刻尋求獸醫協助。維持乾淨的環境以及提供足夠的溫度給鬃獅蜥防止爛嘴發生。有些人推測爛嘴是食物裡缺乏維生素 C 所引起，為了讓鬃獅蜥獲得足夠的維生素 C，將飼料昆蟲腸道裝載並且給予多樣化的新鮮蔬菜。

膿腫

　　膿腫是燒燙傷、割傷、刮傷或擦傷沒有妥善治療而受到感染，在舊的傷口裡面（雖然在皮膚下）形成膿皰。膿皰是脊椎動物自然產生的，用來洗淨傷口和對抗感染，然而以膿腫的情況來說，膿皰一直留在身體裡，由於它無法流出，因此會受到嚴重細菌感染。如果置之不理，膿皰要不就破掉流回身體（進而使血液中毒，讓鬆獅蜥非常不舒服），或是乾掉、變硬，在皮膚下形成一個疼痛的腫塊。

鬆獅蜥嘴巴內部的顏色正常帶點黃色；不要與爛嘴的黃色結塊搞混。

　　一旦發現有膿腫，帶你的寵物去看獸醫，獸醫會把膿腫刺破並且抽乾，縫合起來，然後通常會開立抗生素防止更進一步的感染。

呼吸系統感染

　　鬆獅蜥不常發生呼吸系統感染，通常是嚴重的爛嘴發作之後衍伸的呼吸道細菌感染，也有可能是環境太濕冷所導致，長期暴露在高相對濕度中是造成此病症的另一個元凶。呼吸系統感染會造成呼吸困難、呼吸時伴隨嘶嘶聲、嘴巴維持打開，口鼻部和嘴角有硬塊堆積或乾掉的黏液、口鼻部有泡泡以及唾液分泌過多。

　　儘速帶你的鬆獅蜥去看獸醫，獸醫會診斷問題並且開立藥物治療，最後一步是確保任何引起問題的因子都已經更正：提高環境溫度、設置曬太陽區域、增加通風、降低相對濕度並且細心維持清潔的環境，確保在第一時間移除任何糞便、尿液及任何廢物。

骨骼代謝症

　　骨骼代謝症（metabolic bone disease, MBD）或許是鬃獅蜥最悲劇的症狀，是一種緩慢、漸漸衰弱且痛苦的病症，肇因於紫外線曝曬不足導致缺乏維生素 D3，只有從天然無過濾的陽光或特殊燈泡吸收 UVB，才能讓鬃獅蜥充分代謝鈣質以及合成維生素 D3，形成強健的骨骼和健康的牙齒。沒有照射 UVB 的鬃獅蜥會發育出脆弱、彎曲及鈣化不足的骨頭，最終造成身體虛弱且常常伴隨畸形產生，骨頭處於斷裂和破損的邊緣。一旦確定是骨骼代謝症之後，能不能治癒要看嚴重的程度，如果是初期可以用增加照射紫外線加上補充維生素 D3 和鈣質補充救回，然而若是骨骼代謝症已經處於末期的話，傷害就無法復原，鬃獅蜥將一輩子畸形，最嚴重的情況需要人工安樂死。

　　有些鬃獅蜥必須跛腳或拖著變形的腿走路，或因為脊椎或骨盆扭曲而爬行緩慢、以奇怪的方式爬行，看到真的很難過，下顎錯位或是發育不正常的顱骨也是這種悲劇病症的特徵。關於骨骼代謝症最令人難過的是這種病百分之百可以預防，飼主只需要正確地照顧鬃獅蜥，給予

一塵不染

　　鬃獅蜥大多數傳染病都是源自於生活條件骯髒，不衛生的環境導致緊迫程度提高、抑制免疫系統以及病菌數量增加。藉由儘速移除排泄物、保持鬃獅蜥有乾淨新鮮的水可以喝，以及定期徹底清潔整個籠舍來維持環境乾淨。溫暖、乾淨以及乾燥的居住環境是飼主抵擋疾病與身體失調的第一道防線。

這隻橘色鬃獅蜥扭結的尾巴是他過去曾有過骨骼代謝症的證據。

足夠的紫外線照射、營養的食物以及適當的維生素補充品，只要滿足以上的條件，骨骼代謝症根本不可能發生。跟你想的差不多，充足的 UVB 照射和鈣質、維生素 D3 補充在鬆獅蜥小時候最重要。

維生素中毒

維生素在動物體內累積過量就會發生維生素中毒，症狀包括腹脹、抽蓄或行為躁動、混亂、喪失食慾、顏色變淡，最極端的例子會導致死亡。維生素中毒最常見的狀況是維生素 A 攝取過量，鬆獅蜥代謝與利用維生素 A 的速度很慢，經常性補充這種維生素（常在維生素補充粉發現）很快就會造成鬆獅蜥體內的維生素 A 過度累積。要緩解這個問題，只提供含有 β-胡蘿蔔素而非維生素 A 的維生素補充品。鬆獅蜥的消化系統會在需要時把 β-胡蘿蔔素代謝成維生素 A 的基礎型態，但會平安無事的排出多餘的 β-胡蘿蔔素，進而避開維生素中毒的問題。

要避免其他維生素中毒，不要給鬆獅蜥超過建議的量，如果你的鬆獅蜥養在戶外，最好就完全不要補充維生素 D3，避免維生素 D 中毒。

挾蛋症

鬆獅蜥偶爾會遇到挾蛋症（egg binding），或稱難產（dystocia）。難產發生在懷孕的雌性無法排出所有的蛋，一般來說起因於無法取得適合的產卵點，雌性如果找不到適合的產卵點可能會把蛋帶著太久，懷孕期拖太久導致蛋長得太大無法排出，雌性可能會帶著蛋直到死亡。

挾蛋症的症狀包括身體中段腫脹、不願意產卵（延長懷孕期）以及持續且焦慮的動作（常包括挖洞），很多時候單純只要提供雌性一個適合的產卵點（見第七章）就能解決，如果是這個問題，你將會看到雌性在找到適合產卵點後的幾個小時內（如果不是幾分鐘）卸貨，如果雌性遲遲沒有產卵，就可能是別的原因所造成，處理起來將會更棘手。

有時太大或形狀奇怪的蛋會滯留在雌性的生殖系統，這顆蛋就卡住後面的其他蛋，另一種情況是蛋在子宮裡死亡了，開始在雌性的體內分解，爛掉的蛋使得雌性的免疫系統開始防禦，因此造成生殖系統腫脹。如果雌性過去曾罹患骨骼代謝症，她的骨盆可能會變形導致蛋出不去。如果發生以上任何情況，必須要立刻帶你的鬃獅蜥去給獸醫師照 X 光並且進行手術治療，難產若無接受治療會極其痛苦，可能在幾天之內就會死亡。

頻繁抓取雌性鬃獅蜥並讓她運動有助於預防難產，特別是在開始繁殖前調養的前一個月。一隻強壯、肌肉發達的雌性不太有機會發生挾蛋症，而虛弱、遲緩、體重過輕或運動量不足，還有那些在繁殖前調養期間補充鈣質和／或維生素 D3 太少的雌性比較容易發生挾蛋症。盡早提供你的雌性鬃獅蜥一個適合的產卵點。

肥胖症

野生的鬃獅蜥整天都在活動，而牠們的食物來源不怎麼充裕，因此牠們的代謝和身體組成演化成能靠一點點食物生存，但是非常多人工飼養的鬃獅蜥反而情況相反，變得吃太多而動太少，最後成為一團肥胖又不健康的爬蟲肉球。肥胖症的症狀包括精神萎靡、懶散、動作遲緩、呼吸困難以及看起來胖胖的，肥胖會導致各式各樣的健康問題，甚至心臟衰竭而死。要對抗肥胖，將大部分動物性食物換成蔬菜，並且定期帶你的鬃獅蜥出去運動。

這隻雌性鬃獅蜥正在挖巢，缺乏合適的產卵點是挾蛋症最常見的原因。

支持性照護

　　不論你的鬃獅蜥受到什麼疾病困擾，有一些措施有助於鬃獅蜥儘快復原，當獸醫確診並且開始治療之後，要確實遵照獸醫開立的處方用量以及療法。通常獸醫師會初步注射抗生素或一些其他藥物，然後開立處方讓你帶回家，遵守處方以及醫生的指示是對生病鬃獅蜥最好的做法，譬如醫生說要持續吃藥 14 天，但 11 天後你的鬃獅蜥看起來已經沒事了，這時提前三天停藥是非常不明智的。

調高溫度

　　鬃獅蜥跟其他爬蟲類一樣屬於外溫動物，牠們的新陳代謝和其他身體機能會隨著環境溫度起伏，將鬃獅蜥籠舍的溫度提高三到五度（華氏），並且不要讓夜間溫度下降，另外也建議提高曬點的溫度；維持曬點的溫度在 102° 至 105℉（38.9° 至 40.6℃），額外的溫度能讓鬃獅蜥的免疫系統保持高效率運作，有助於對抗感染。

病人食物

　　鬃獅蜥養病期間也適合加強飲食，每週一餐加入額外的維生素和礦物質（不要加入額外的維生素 A），並且確保昆蟲在餵給鬃獅蜥之前都

已經腸道裝載完畢，由於鬃獅蜥的身體需要牠能得到的全部營養，你會想要讓生病的鬃獅蜥盡情地吃，特別留意深綠色和深紅色蔬菜，兩者皆是維生素和抗氧化劑的絕佳來源。如果你的鬃獅蜥正在承受維生素中毒的話，遵循獸醫師的飲食建議。

如果你的鬃獅蜥因為疾病而不吃東西（常常是幾種內寄生蟲或嚴重的爛嘴），獸醫會開立一些流體或液體食物，你可能需要強迫餵食鬃獅蜥，強迫餵食並不容易，也不是新手飼主可以隨便嘗試的技巧，自己嘗試之前應該要請獸醫或其他專家指導，只有獸醫指示必須強迫餵食時才可執行。

鬃獅蜥不健康的跡象

如果你的鬃獅蜥出現下列任何一個跡象，可能需要去看獸醫，如果你無法肯定，尋求有爬蟲醫療經驗的獸醫的意見比等著看會發生什麼事更好，愈早帶動物去看獸醫，復原的機會越大。

- 大便不正常——拉稀、顏色怪異、太臭、有蟲
- 四腳朝天時無法自力翻身
- 跛腳或拖著腳走路
- 死氣沉沉或無精打采的樣子——可能是溫度太低造成
- 拒食—可能是溫度太極端造成
- 眼睛凹陷
- 嘔吐
- 體重減輕

第七章

人工繁殖

繁殖寵物爬蟲是一個非常值得而且充滿成就感的經驗，被許多飼主視為是養爬蟲的最高境界，這是一個機會讓飼主見證生命的奇蹟以及看著自己的寵物經歷生命的每個階段，從新生、到成年、到成為父母。但人工繁殖不是可以隨便一時興起決定的事，負責任的飼主必須問幾個直截了當的問題：我的動物健康狀況是否處於顛峰，牠們是否能承受繁殖的艱苦？雌性產卵後我是否有設備孵蛋？小蜥蜴（有時數量超過兩打）孵化後我該拿牠們怎麼辦？我是否能提供充足的空間、熱能以及食物給小蜥蜴，直到把牠們賣掉或送給負責任的飼主？飼主必須要先以現實且合理的方式回答這些問題，才能決定著手繁殖鬆獅蜥。

不要跟我一樣
犯蠢

我大學的時候有「一對」怎麼樣都不肯交配的鬆獅蜥，我已經把什麼事都做對了，我的鬆獅蜥很健康、那是一年中正確的時間、我有一個孵蛋箱準備接收蛋，但是我的鬆獅蜥就是不想交配，後來我的一個朋友來找我，我告訴她這個問題，她把兩隻鬆獅蜥都拎出籠舍檢查泄殖腔，然後大笑：「除非你計畫要培育出第一個雌雌生殖，不然我建議你買隻公的鬆獅蜥！」，我為我的低級錯誤感到羞愧並且不久後就買了一隻雄性鬆獅蜥。

性別

首先你要先取得兩隻相反性別的鬆獅蜥，分辨成體鬆獅蜥的性別相對容易，將你的鬆獅蜥從籠舍抓出，並檢查牠的泄殖腔，雄性鬆獅蜥具有較大的股孔（femoral pores）排列在後腿下側，泄殖腔前大約半英吋有較大的肛前鱗片（preanal scales，通常有六片），有寬闊的泄殖腔開口以及泄殖腔兩側有明顯的隆起──這兩個隆起是收在囊袋裡的半陰莖（hemipenes，一對交配器官）。性活躍的雄性也會展現出加大的絡腮鬍，通常會在繁殖季期間變成深棕色到黑色或藍色，另外雄性的頭比雌性寬，體型較大，整體來說比較魁梧。

另一方面雌性的股孔和肛前鱗片比較小，泄殖腔開口明顯比較窄，泄殖腔兩側看不到半陰莖隆起，成體雌性鬆獅蜥體型也明顯比雄性短，她們的頭也同樣地比較纖細，如果你有機會將成體鬆獅蜥放在一起比較，雌雄之間的差異應該很容易看出來。

鬆獅蜥在性成熟之前很難分辨性別，有一種分辨幼體和亞成體性別的方法，但差異仍然非常細微，需要練習才能準確分辨性別。方法是將鬆獅蜥放在平坦的表面上尾巴朝你，輕輕將尾巴提起到鬆獅蜥背上，一感覺到阻力就停下，你不會想要讓牠的尾巴受傷，感覺到阻力時，慢慢輕柔地用手指前後搖動尾巴，同時觀察尾巴下面靠近基部的地方，如果

你可以藉由大腿下側的孔洞來分辨鬃獅蜥的性別，雄性（上）具有較大且較多的股孔。

在你搖動尾巴的時候，中間出現輕微的凹陷，就很可能是雄性，如果沒有看到凹陷就可能是雌性。凹陷是兩個半陰莖之間的空隙。藉著現代科技的幫助可以用DNA鑑定和X光來分辨性別（大部分的獸醫師都能執行），就算是年幼的鬃獅蜥也不會出錯。

年齡

取得一對性別確定的鬃獅蜥之後，下一個問題是年齡，鬃獅蜥幾歲才能交配呢？鬃獅蜥在24到28個月時達到性成熟，雌性保有繁殖力直到五至六歲，而年老的雄性一輩子都保有讓雌性受精的能力。

雌性在這個年紀可以生小孩，不代表她應該在這個年紀生產，在可繁殖年齡的前兩年生產的雌性每胎數量較少、生產次數較少、比較早喪失生殖能力，相反地，等到第三年才開始繁殖的雌性，每窩數量較多、生產次數較多且維持生殖能力的時間明顯更長，我有一隻雌性，一個叫

精子留存

跟許多爬蟲類一樣，雌性鬆獅蜥可以將精子留存在體內一段時間，這讓她們可以在遇到雄性一段時間之後還能產出能發育的卵，因此看到單身的雌性沒有再次與雄性配對卻生出好幾窩蛋也不用太驚訝。

做「憔悴榛果」的老女孩，以八歲的高齡持續在生小孩，我還曾聽說過超過九歲的雌性仍可以繁殖。

其他繁殖者可能不認同，但我認為雌性鬆獅蜥在達到 32 至 36 個月前不應該人工繁殖，因為過早讓她繁殖會造成往後的子代數量減少很多，而雄性超過 24 個月達到性成熟後，一輩子都有繁殖能力且沒有任何負面影響。

繁殖前調養

繁殖前調養（pre-breeding conditioning）或許是繁殖鬆獅蜥計畫裡最重要的步驟了，繁殖前調養的意思是盡你所能地讓鬆獅蜥為了接下來的繁殖季做好準備，我們可能不會想到，繁殖對於雌雄雙方都有所耗損，尤其是雌性，蛋的形成、懷孕期以及產卵都是費力的工作，因此你會希望你的蜥蜴女孩在交配前處於顛峰狀態。

鬆獅蜥必須處於巔峰狀態才可以嘗試讓牠們繁殖。

在秋天開始繁殖前調養，大約是十一月，每一餐都加上額外的鈣質、D3補充品，雌性會需要她能得到的所有鈣質，接下來蛋才能在體內順利形成，缺乏鈣質的雌性會生產出有裂縫、薄殼不然就是比較劣等的蛋，孵化率有限，鈣質過多不會有傷害，可以確保生出來的蛋殼厚又健康。

一群冬化中的鬃獅蜥，冬化有助於成功繁殖。

冬化

下一步是讓鬃獅蜥冬眠（hibernation）；更精確來說是冬化（brumation），一種不完整的冬眠狀態。鬃獅蜥在野外每年天氣變冷時有幾週的時間會進入冬化或休眠狀態，過了這段低溫和活動力降低時期之後，迎來溫暖的氣溫以及活動力回升，促進繁殖荷爾蒙的製造與釋放，這些荷爾蒙對爬蟲類來說是一個生物訊號，代表「是時候找個對象散布我的基因了！」。

人工飼養之下要模擬這種活動力下降的週期很簡單，大約從十二月開始將配對的鬃獅蜥移入獨立的籠舍（如果原本住在一起），讓牠們無法看見彼此，逐步（10天到兩週內）降低溫度，白天溫度範圍75°至

80℉（23.9° 至 26.7℃），夜晚降至 62° 至 70℉（16.7° 至 21.1℃），減少光照至每天七至九小時，可能的話（或許用除濕機）降低籠舍的相對濕度到 25 至 30%，這種提高的乾燥度可以模擬澳洲自然的氣候循環，有助於激發健康的荷爾蒙產生。

你很快就會注意到鬆獅蜥的活動力急劇降低，牠們會變得很少吃東西而且可能躲在藏身處好幾天，但仍然會曬太陽，你會發現牠們吃很少食物或乾脆拒食，每週只給予一次或兩次食物，但隨時維持乾淨新鮮的水供鬆獅蜥任意取用。

讓你的鬆獅蜥保持半冬眠狀態十至十二週，大約在三月末或四月初開始慢慢提高溫度並增加日照時數，直到溫度恢復正常並回復每天十至十四小時光照，一旦牠們的活動力開始回升，每隻鬆獅蜥能吃多少就餵多少，記得雌性的每一餐都要加上鈣質補充，我也建議這段時間餵給雌性幾隻亞成老鼠（根據體型又叫做小白或跳跳）或小蜥蜴（變色蜥或壁虎），因為老鼠和蜥蜴含有的礦物質和蛋白質有助於讓雌性生出健康的寶寶，用此方式餵食持續十至十二天。

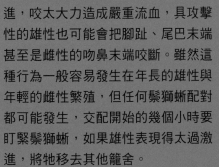

壞男孩

偶爾雄性鬆獅蜥會對雌性太過激進，咬太大力造成嚴重流血，具攻擊性的雄性也可能會把腳趾、尾巴末端甚至是雌性的吻鼻末端咬斷。雖然這種行為一般容易發生在年長的雄性與年輕的雌性繁殖，但任何鬆獅蜥配對都可能發生，交配開始的幾個小時要盯緊鬆獅蜥，如果雄性表現得太過激進，將牠移去其他籠舍。

交配

當你介紹雙方認識時，一定要**將雄性放進雌性的籠舍**，而非相反，讓你的雌性在交配過程盡可能感到舒適安全很重要，因此讓她待在熟悉的環境有助於緩解壓力，並促成順利交配。雖然有些飼主沒有特別偏好誰去誰家，但我發現雄性放進雌性籠舍的情況，交配過程會更順暢，也比較不會出意外。

鬃獅蜥的選育繁殖帶來
各種色彩品系的發展。
圖中是一隻黃鬃獅蜥。

當雌性進入雄性的籠舍，雄性往往會更粗暴對待雌性，而且攻擊性更高，對他來說雌性是被引進他的領域，因此會更具侵略性。如果說雄性進入雌性的籠舍，雄性相當於離開他的舒適圈，交配過程中展現出的侵略性和領域行為降低。

當你把雄性放進雌性的籠舍後，過不了多久就會展現他的意圖，雄性會嗅聞地板然後嚐嚐底材，起勁地朝雌性點頭並且鼓起他豎立的鬍子，這時鬍子的顏色可能變成深灰色到黑色或藍色。作為回應，雌性會在籠舍裡徘徊，而雄性在後面熱烈地追求，或者她可能會開始揮手，代表她準備好要交配了。

雄性會從後面或側面靠近雌性，紮實的咬住她的下顎或後頸，然後用前腳環繞住雌性的上半身，當他咬著雌性時，可能會拖著她在籠舍裡到處走，或是激烈地搖晃她，雖然這個行為看似很暴力，但實際上是成功交配中不可或缺的步驟。比年長雌性力氣小的年輕雄性有時會被他的伴侶制止，而年紀比較大、技巧純熟的雄性就沒這個困擾。

當雄性準備好之後，會用後腿和尾巴使雌性的下半身傾斜，露出她的泄殖腔，然後插入其中一個半陰莖，牠們會維持這個姿勢幾秒鐘或幾

雌性鬃獅蜥可能會在產卵底材上挖好幾個「假洞」，沒有真的產卵在裡面，挖假洞的原因可能只是因為雌性對產卵地點太挑剔了，或者也有可能是一種本能的策略，在野外用來混淆潛在的掠食者，讓四處覓食的巨蜥忽略真正的巢洞。不論什麼原因，你的雌性鬃獅蜥就是有可能會挖好幾個假洞。

分鐘，一整天重複這個動作好幾次是正常的。如果你有多隻雌性，可以簡單的把雄性輪流放進雌性的籠舍，這樣他就會與每隻雌性交配，在五到七天零星的交配之後，雌性成功受精的機會非常大。

移出雄性並將他放回自己的籠舍，然後持續給予高品質營養的食物，給雌性增加鈣粉用量以及稍微增加維生素用量，用你所能找到最多樣化的大量食物餵給雌性，發育中的蛋才會健康。

懷孕和產卵

如果配對成功，雌性會懷孕，一個月內或更少就能看出懷孕的跡象，一個月後你會注意到雌性變腫變胖，這是因為蛋在體內發育，數量少至 8 到 10 顆，多至 22 到 26 顆，要看雌性的體型，隨著蛋越長越大，雌性可能會停止進食，這是正常的，也是為什麼要在這之前把她餵飽的原因。

當你注意到她隆起的肚子後，很快就會發現活動力也提升了：在籠舍內徘徊、抓玻璃還有一直挖洞，這些都是她準備要產卵的關鍵指標，你必須準備一個適合的地點讓她產卵，如果雌性沒有獲得適合的產卵點，她可能會產卵在乾燥的底材（蛋很快就會脫水死亡）、產在水盆裡（蛋會溺死）或是保留蛋受而到難產所苦，又稱為「挾蛋症」。難產是一個非常嚴重的問題，最終會導致母子都有生命危險。我建議越早做好產卵箱越好，在雌性要產卵前就準備好適合的介質，絕對比強迫她痛苦地等你弄好來得好。

好消息是製作一個適合的產卵點比你想的便宜又簡單，許多飼主一包括我一利用塑膠整理箱裝入潮濕的蛭石，蛭石可以在五金行、園藝行或苗圃買到。

潮濕在這裡的意思是含水而非濕答答的，混合產卵底材有個不錯的配方是兩份蛭石混合一份水，以重量計算而非體積，其他好用的產卵底材包括潮濕的珍珠石、水苔和細沙，不管是哪種底材，你都希望潮濕的程度剛好可以讓你挖洞而不會散掉。鋪好三到四英吋深的潮濕蛭石之後，在箱子

水蛋

雌性鬃獅蜥偶爾會產下未受精的蛋，稱為空包蛋或水蛋（slug），這些未受精蛋很好辨認，由於鈣化不良以及沒有生命，它們比受精蛋小，通常呈現半透明的棕色或茶色，如果放任它們跟其他蛋一起孵，水蛋很快就會開始腐爛並且散布黴菌和細菌，危害到整窩蛋，一旦發現水蛋請儘速移走處理掉。

側邊切出一個洞，然後蓋上蓋子，將箱子放進雌性的籠舍裡。當她準備要產卵時會從旁邊的開口爬進去，在潮濕蛭石裡挖出一個燒瓶狀的洞（一般是在箱子的角落），然後下半身進入洞裡或直接在洞上，開始一段漫長、艱苦的產卵過程，根據每窩的數量和蛋的大小，可能持續數個小時。

沙子是很適合的產卵介質。

小心謹慎地將蛋拿出
巢箱，不要轉動或震
動到它們。

　　當然整理箱不是產卵箱唯一的選擇，貓砂盆、置物盒、小（乾淨
的）垃圾桶、甚至其他修改過的容器都能用，只要盒子能提供雌性充足
的潮濕底材以及足夠的隱密性讓她能平靜的產卵，幾乎所有容器都能勝
任。野外的雌性在產卵時極度脆弱，容易被掠食者攻擊，人工飼養的雌
性仍保有這個警覺，如果產卵時沒有足夠的遮蔽她會感到非常不安心，
我建議在她產卵時離開房間，同時也把籠舍用毛巾蓋起來，以提供雌性
足夠的隱私。

每隔一陣子檢查產卵狀況，一旦雌性離開產卵箱，就可以把蛋拿出來放進孵蛋機。然而雌性在離開產卵箱之前會把蛋非常仔細地蓋起來，因此很難確定確切的位置在哪。輕柔而仔細的挖開蛭石直到看見蛋，蛋非常脆弱，因此移出時一定要非常小心，移動時不要撞擊、顛倒、轉動或震盪到，這都有可能會殺死裡面的鬆獅蜥胚胎，如果兩個或更多蛋黏在一起，不要將它們分開，因為會破壞或嚴重損傷蛋殼，最終可能導致蛋死亡。

孵蛋小提醒

孵蛋箱裡的溫度浮動會造成鬆獅蜥胚胎嚴重的傷害，常見的情況是承受大範圍溫度變化的蛋會孵出高比例畸形的幼體，盡可能維持孵蛋箱裡的溫度恆定。

當你把所有蛋都從產卵箱移至孵蛋箱之後，是時候把注意力轉回媽媽身上，雌性現在應該看起來很瘦弱、憔悴又精疲力盡，應該要讓她靜靜地躲在黑暗的躲藏處恢復，給她富含蛋白質的食物以及大量的水，因為產卵過程身體會大量流失水分，產卵完一週過後，雌性就能回歸正常飲食。

孵蛋

說到孵蛋箱，我強烈建議在雌性產卵之前就先備妥所有東西並且試運轉，這樣你就能輕鬆愜意把蛋從產卵箱轉移到已經以穩定的溫度和濕度運作的孵蛋箱。孵蛋箱剛設置時，溫度浮動相當大，對蛋非常不好。

打造孵蛋箱

市售的鵪鶉或雞的孵蛋箱，或是用保麗龍保冷箱、兩塊磚頭、一個小塑膠整理箱以及一個沉水式加溫器製作的手作版本，都是很好的孵蛋箱，增添一支溫度計將會非常有幫助，尤其是可以儲存高低溫的數位溫度計。

從兩塊磚頭開始，放置在保麗龍保冷箱底部，沉水式加溫器放在磚塊中間，保冷箱加水直到剛好低於磚塊頂部，在塑膠整理箱的蓋子和底部打一堆洞，放在磚塊上，整理箱底部鋪上一或兩英吋的潮濕蛭石或厚厚的潮濕紙巾，蛋放在底材上，蓋上整理箱的蓋子，打開加溫器設定在86°F（30℃），蓋上保冷箱的蓋子。

加溫器會加熱保冷箱裡的空氣，也會使水蒸發，水會充滿整個保冷箱，而你在整理箱上打的洞能讓水氣進入接觸到蛋，整理箱底部的洞能讓多餘的水分滴回水池裡。有許多以此為原型延伸的各種孵蛋箱，寵物店、網路以及雜誌廣告裡也能找到許多很棒的爬蟲專用孵蛋箱（而且不會太貴）。

孵蛋溫度與濕度

正確的孵鬃獅蜥蛋溫度是 82°至 86°F（27.8°至 30℃），維持孵蛋箱裡穩定的溫度，盡可能減少浮動，因為就算是一瞬間的溫度升高或降低都會嚴重影響胚胎發育。溫度在 79°至 82°F（26.1°至 27.8℃）會造成蛋發育緩慢，但是孵出來的小蜥蜴個性比較溫馴，而溫度低於78°F（25.6℃）則會造成蛋死亡。相對地，溫度介於 86°至 88°F（30°至 31.1℃）之間時的孵化比較快，出生的幼體傾向於喜歡打架，甚至是侵略性的行為，溫度超過 89°F（31.7℃）容易產生畸形或是造成胚胎死亡。

一窩一箱

　　如果你一次繁殖好幾隻雌性，請勿將她們的蛋混在同一個盒子，如果其中一窩先孵化了，蛋裡面的液體會流出來汙染孵蛋介質，而這時其他蛋還在介質裡，介質浸泡在腐爛的液體將造成細菌和真菌大量滋生，因此千萬不要將產卵時間隔超過兩天的蛋混在一起。

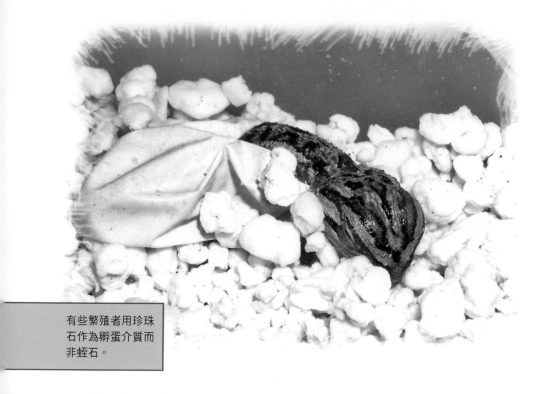

有些繁殖者用珍珠石作為孵蛋介質而非蛭石。

　　濕度也是孵蛋的關鍵要素，維持濕度在 75 至 85%，超過或不足分別會造成潰爛和脫水。另外你也必須要觀察蛋殼有沒有長出黴菌或真菌，如果發現這個狀況，只需要用濕布擦掉黴菌，可以的話將發黴的蛋單獨放在孵蛋箱的角落，不要把偶然發黴的蛋丟掉，它可能還活得好好的，我曾經有許多發黴的蛋最後孵出漂亮的鬃獅蜥寶寶。

孵化

　　經過 55 至 85 天之後（依據你的孵蛋溫度）就可以期待它們孵化了，孵化的第一階段稱為**破殼（pipping）**，也就是新生的蜥蜴撕開蛋殼，但是沒有爬出來，持續幾個小時到幾天都有可能。破殼期間是鬃獅蜥寶寶待在部分打開的蛋殼裡休息，吸收剩餘的蛋黃並且開始呼吸空氣，在這關鍵時期不要干預破殼的鬃獅蜥或強制把牠們拉出來；牠們準

幼體與濕度

幼體鬆獅蜥剛出生皮膚很薄，而且表面積與體重的比例比成體高，代表鬆獅蜥寶寶脫水的風險很高，在鬆獅蜥寶寶的籠舍裡多放幾個水盆、每週讓牠們泡澡、餵食大量濕潤或多汁的食物，並且維持高相對濕度（或許可以用園藝噴瓶輕微噴濕），都有助於避免鬆獅蜥寶寶乾掉。

備好了會自己出來。破殼期間務必蓋著保冷箱的蓋子，如果飼主一直把蓋子打開看裡面的孵化狀況，保冷箱的濕度會急劇下降，造成蛋殼變硬把鬆獅蜥寶寶困住。第二是內部的整理箱也要蓋緊蓋子，因為鬆獅蜥寶寶出來之後會開始到處晃蕩探索，一旦爬出整理箱就會掉進底下的水池而溺斃。

關於孵蛋最後一個提醒，就是並不會全部的蛋都同時孵化，大部分在幾天內就會完全孵化（最後一顆在第一顆孵化的 72 小時內孵化），偶爾會遇到一窩蛋裡面有一個或更多個大器晚成的孩子。我曾遇過在其他兄弟姊妹孵化後將近兩週後才孵化的例子，所以不要輕易放棄未孵化的蛋，除非蛋已經皺縮、乾癟或開始腐爛了。

養小孩

所有蛋都孵化之後，你得為新成員建造一個家，能在孵化的前幾天做好最理想，我建議在最初的兩週用 10 加侖（37.9 公升）的水族箱，每個籠舍不超過五隻鬆獅蜥，你不會想要讓這些脆弱的小蜥蜴過度擁擠。籠舍底部鋪設厚厚一層柔軟、白色、無香味的紙巾，這些紙巾一定要完全不含墨水和香精，避免對鬆獅蜥的發育有害，我建議不要用沙子或其他大顆粒的底材，因為鬆獅蜥寶寶肚子上卵黃附著的地方需要兩週才會完全關閉，沙子或其他粗糙的物質會刺激這個敏感的部位。維持環境溫度 80°至 84℉（26.7°至 28.9℃）以及曬點溫度 92°至 100℉（33.3°至 37.8℃），幼體跟成體一樣可以忍受夜間溫度下降。餵給牠

們果蠅、針頭蟋蟀、四分之一吋蟋蟀還有其他小昆蟲。

恭喜你走到了這一步，你現在是個驕傲的父母了（嗯，算是吧），擁有一群活蹦亂跳的鬆獅蜥寶寶！記得要在兩到三週內將牠們分開，因為牠們成長迅速，兄弟姊妹之間的領域競爭很快就會浮現，可能導致尾巴和腳趾被咬斷。

這隻鬆獅蜥被飢餓的兄弟姐妹咬掉一隻腳，一定要給你的鬆獅蜥寶寶充足的食物。

尾巴和腳趾被咬斷另一個更常見的原因不是領域競爭，而是肚子餓。鬆獅蜥寶寶的新陳代謝速率非常高，需要少量多餐，當營養需求沒有被滿足時（例如飼主餵食不夠頻繁），牠們會轉而尋找任何能當作食物的有機物，當這種情況發生時，室友就會腳趾斷掉、失去尾巴、嚴重的狀況可能失去四肢甚至互相攻擊致死。要阻止同類相殘，讓鬆獅蜥隨時可以取得新鮮蔬菜，切細絞碎的蔬菜應該足夠制止最飢餓的鬆獅蜥在每次餵食昆蟲的間隔攻擊牠的兄弟們。

選育繁殖和色彩變異

作為兩棲爬蟲寵物市場上繁殖最多的動物，鬆獅蜥常常是選育繁殖計畫的主角，藉由只讓擁有某種性狀的個體（例如亮色、體型大、諸如

此類的）互相繁殖，後代很可能會讓這些性狀**更強化**，所以若有一對嘴巴附近帶點黃色的鬃獅蜥交配，牠們的子代會看似黃色多了一點點，子代的子代黃色更多了，一代代傳下去直到某個世代的鬃獅蜥寶寶全身都變成黃色的。當然實際上選育繁殖沒有這麼簡單，因為你無法單純讓兄弟姊妹互相繁殖而不會縮減基因庫，以及放大缺陷和討人厭的基因型畸形，鬃獅蜥的選育繁殖絕對是只有擁有紮實的繁殖及基因實作知識的飼主才辦得到。

我們其餘的人還是可以欣賞專家們所培育出令人驚豔的鬃獅蜥品系，就連我寫這段文字的當下，新的鬃獅蜥品系也在專業繁殖者的心中成形，當這本書印刷出版，摸到書店的架子，再落到你手上時，我書中所提到的顏色變異可能就已經是老古董了，基本上每個繁殖季都會出現新的鬃獅蜥變異。

沙火鬃獅蜥（Sandfire Dragons）

最早基因操控的鬃獅蜥之一出現在 1990 年代早期，被命名為「沙火（sandfire）」鬃獅蜥，是從天生顏色偏橘色和紅色的鬃獅蜥培育而來，這個品系的名字源自沙火鬃獅蜥農場（Sandfire Dragon Ranch），由農場主人及兩爬培育家鮑伯‧馬龍所培育出，這些鬃獅蜥的子代不是帶點紅色或橘色，就是僅僅帶有色彩的基因，卻只呈現普通的

色彩強烈的沙火是最廣為人知且最熱銷的色彩品系。

棕褐色。到了今天，鬃獅蜥身上的紅、橘色已經耀眼到令人無法直視了！沙火品系根據身上主要顏色的不同，已經切割成好幾個分支，身上大部分赤紅及火紅色的沙火鬃獅蜥叫做沙火紅，而黃色和芥末金色比較多的叫做沙火金。

金色鬃獅蜥
（Gold Dragons）

　　另一個在 1990 年代出現的色系是金色鬃獅蜥，從帶有紅色和金色調的野生鬃獅蜥繁殖得到。金色鬃獅蜥或許與沙火系共用一些基因，表現特佳的個體看起來就像是用黃金鑄成的，尤其是頭和腳，當成體雄性進入繁殖季時，外表會變得極其華麗，深黑到深藍色的鬍子會完美襯托出身上的金色。

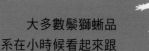

看看爸媽

　　大多數鬃獅蜥品系在小時候看起來跟普通鬃獅蜥沒什麼分別，顏色要到幾個月大才會顯現，此外，每個個體表現特定顏色的程度不同，預測鬃獅蜥寶寶顏色多漂亮的指標就是牠的父母，可能的話，向賣家要求看你有興趣的幼體的爸媽，心裡就有個底子牠大概以後會長怎樣。

要確定一隻幼體長大以後有多鮮豔幾乎是不可能。這是一隻沙火金的幼體。

檸檬火（Lemon-Fire）

檸檬火鬆獅蜥看起來大概是沙火鬆獅蜥中亮紅色個體混合金色鬆獅蜥中洋芋片金的個體，全身覆蓋亮黃底色，頭部、下巴和腹部特別以緋紅色妝點，真的令人非常印象深刻，事實上檸檬火是如此閃耀，有個認識的爬蟲愛好者形容牠們看起來有放射性。

血紅（Blood-Red）

我看過顏色最深的鬆獅蜥是血紅鬆獅蜥（有時叫做寶石紅），只挑選最紅的紅鬆獅蜥所繁殖出，看起來真的就像浸在鮮血裡一樣。

白色變異（Pale Varieties）

當然不是所有飼主都喜歡鮮豔的紅色、黃色和金色，幸好還有別的鬆獅蜥可以選，以白變（leucistic）鬆獅蜥來說，可以說缺乏所有深色色素，幾乎全身都是白色，不要與白化（albino，沒有色素）搞錯了，白變鬆獅蜥的象牙色讓牠們看起來像鬼魂一般。真正的白化鬆獅蜥不是沒有，稱作雪白鬆獅蜥，跟白變鬆獅蜥一樣全身白色。

德國巨人（German Giants）

當然顏色不會是選育繁殖鬆獅蜥唯一的目標，體型也是一大重點。德國巨人鬆獅蜥來自於一群體型特別大、骨架特別壯碩的野生內陸鬆獅蜥，這群蜥蜴在 1980 年代被引入德國，因而得名。從那時候開始，專業繁殖者致力於提升牠們的體型和力量，相較來說，德國巨人比普通的成體鬆獅蜥體重 50%，一隻成體雌性內陸鬆獅蜥每窩能夠產下 25 至 28 顆卵，而雌性德國巨人至多可以產下 65 顆卵，真的是很大一隻！

以上所有提到的鬆獅蜥都被無數繁殖者以許多名字繁殖，寵物市場上看起來正在無止盡地出現新的混合：沙火 × 檸檬火、金色 × 紅色、血紅 × 檸檬火等等，鬆獅蜥品系的混合寫不完，每一年都會有新的變

一隻橘色鬃獅蜥。

異以各種名字出現在市場上，每當終於搞懂那些品系時，又會有新的出現在網路和爬蟲展了。

　　如你所想，這些選育繁殖的鬃獅蜥會比普通的還要貴，端看稀有度和受歡迎的程度，基於費用的考量，我建議新手飼主從普通顏色的鬃獅蜥開始養，如果最後發現鬃獅蜥真的不是你的菜，就無需嘗試將高價的鬃獅蜥送出或賣掉（可能會花費很長一段時間才賣得掉），普通的鬃獅蜥則相對容易賣掉而不會損失太多。

第八章

侏儒鬃獅蜥

我個人認為侏儒鬃獅蜥（*P. henrylawsoni*）是鬃獅蜥家族之中最棒的寵物蜥蜴，這種內陸鬃獅蜥小型的表親既有魅力、溫馴、又多產，能在比較小的空間裡生活以及混養，侏儒鬃獅蜥是沒有足夠空間容納內陸鬃獅蜥的飼主的絕佳選擇，雖然整本書都在講內陸鬃獅蜥多好又多好，我還是會以幾頁的篇幅盡可能介紹侏儒鬃獅蜥以及牠們的飼養需求。

侏儒鬃獅蜥比常見的
鬃獅蜥更偏地棲型。

侏儒鬃獅蜥在 1985 年由威爾斯和威靈頓正式描述,第一批侏儒鬃獅蜥在 1978 年一月於昆士蘭里奇蒙西邊 100 英哩處收集到,最初引進美國時,這種特殊的蜥蜴以蘭金鬃獅蜥(Rankin's dragon)這個名字廣為人知,由拉丁學名 *P. rankini* 而來,這個拉丁學名在之後的十五年間一直變來變去,直到 *P. henrylawsoni* 取得一致認同,用以紀念十九世紀末的澳洲思想家及詩人 Henry Lawson(1867-1922)。侏儒鬃獅蜥有時以錯誤的名字 *P. brevis* 販售,常見的俗名包括唐恩鬃獅蜥(Down's bearded dragon)、黑土鬃獅蜥(black-soil bearded dragon)、黑平原鬃獅蜥(black-plains bearded dragon)、侏儒鬃獅蜥(不要與 *P. minor* 搞混了)還有蘭金鬃獅蜥。

自然史

侏儒鬃獅蜥分布在昆士蘭中部到西部,比牠們的內陸親戚分布範圍小很多,習性也很不一樣,內陸鬃獅蜥是半樹棲到高度樹棲型(例如停棲在籬笆和低矮的樹枝),而侏儒鬃獅蜥更偏向地棲型,喜歡裸露、開闊、陽光普照的岩石平坦地,以及各種樹枝或樹上的躲藏處,除此之外還有其他差異。侏儒鬃獅蜥捍衛領域時會展現出過人的執著,當有不速之客侵入領域時,雄性會有更迅速且更具攻擊性的行為。

侏儒鬃獅蜥偏好乾燥、多岩石的灌叢地，以及乾燥、平坦開闊岩石小丘，點綴稀疏的樹或灌木，涼爽黑暗的洞穴和岩石細縫是侏儒鬃獅蜥最喜歡的躲藏處。當有掠食者在附近徘徊時，牠們也會毫不猶豫地將自己埋進鬆軟的沙子或碎石土壤。所有類型的昆蟲都在侏儒鬃獅蜥的菜單上，乃至於結果的灌木和開花植物，小型的爬蟲類也會成為成體鬃獅蜥的佳餚，侏儒鬃獅蜥的天敵包括很多種蛇，以及巨蜥和大型鳥類。

壽命

養侏儒鬃獅蜥其中一個缺點是牠們的壽命無法像內陸鬃獅蜥那麼長，人工飼養只能活六到八年，差不多比內陸鬃獅蜥少了 25% 的時間。如果你讓雌性侏儒鬃獅蜥大量繁殖，可以預期她的壽命會縮短至少一到兩年，繁殖所帶來的嚴苛壓力對雌性的損傷極大。

介紹

侏儒鬃獅蜥與內陸鬃獅蜥第一眼注意到的不同就是牠們的體型小很多，吻肛長最多不超過 5 英吋（12.7 公分），成體侏儒鬃獅蜥大約是成體內陸鬃獅蜥的一半大小；侏儒鬃獅蜥總長只達到 10 至 12 英吋（25.4 至 30.5 公分），而內陸鬃獅蜥可以成長到巨大的 22 英吋（55.9 公分）長，侏儒鬃獅蜥不只是身長比較短，腰圍和體重也成比例減少。

侏儒鬃獅蜥就連落腮鬍也比較迷你，生氣或受到威脅時，野生的侏儒鬃獅蜥會鼓起牠可愛小巧的鬍子，嘴巴張開開，朝著攻擊者發出嘶嘶聲，就像一隻鬃獅蜥會做的事。雌雄侏儒鬃獅蜥體型差異不明顯，雄性一般來說稍微大一點點。

侏儒鬃獅蜥與牠們大隻的親戚最迷人的不同，或許是牠們令人驚艷的花紋。背部以銅色或亮褐色為底色，帶有淺褐色或沙棕色啞鈴形狀的條紋，橫跨背部的中線並且延伸到下腹部，啞鈴花紋到了尾巴變成簡單的條紋，幾乎環繞尾巴一圈，肚子是奶油色到沙棕色。侏儒鬃獅蜥的頭

部花紋也比內陸鬚獅蜥更繽紛，淺棕色的條紋和斑點遍布在銅色的頭上。不過很遺憾，這些鮮明的色彩會隨著鬚獅蜥成熟而淡化，等到完全成年後，大多數侏儒鬚獅蜥會「灰化」或是淡化成普通的棕褐色，雖然不及小時候的光鮮亮麗，但還是很漂亮的。

買一隻侏儒鬚獅蜥

　　要入手一隻侏儒鬚獅蜥，除了所有健康、顏色、警覺性等等的準則都與內陸鬚獅蜥通用，還要多考慮一些事情，澳洲基本上已經禁止所有原生種動物出口，因此可以說沒有「新的」侏儒鬚獅蜥進入市場，在開放市場上所謂「新的」侏儒鬚獅蜥只剩下已存在的人工繁殖血系。這代表三件事，第一，侏儒鬚獅蜥比普通鬚獅蜥價格更高；第二，隨著時間過去，市場上侏儒鬚獅蜥的數量很可能因血系衰弱而逐漸減少（近親繁殖的負面影響會累積）；第三，沒有道德的繁殖者和爬蟲賣家已經在以純種侏儒鬚獅蜥的名義販售混血的鬚獅蜥（內陸混侏儒），以後也會繼續。

　　如果你有興趣購買一隻侏儒鬚獅蜥，真的要做足功課，確保你的賣家有誠信並且提供的是最純種、最高品質的侏儒鬚獅蜥，該賣家是否有鬚獅蜥的紀錄和資料以及可追溯的血統？把這當作鬚獅蜥的血統證明，如果賣家在給你血統歷史時猶豫了，就很有可能他不清楚血統，賣的是混血鬚獅蜥（不論是無意或惡意

侏儒鬚獅蜥有好多名字

　　好幾年來本種的名字一直在變，有些繁殖者和飼主仍在使用過時的名字，如果你看到以下名字，幾乎可以確定是在說侏儒鬚獅蜥。

Pogona brevis

Pogona rankini

黑平原鬚獅蜥

黑土鬚獅蜥

唐恩鬚獅蜥

蘭金鬚獅蜥

的），混血鬃獅蜥常以「*P. vittikens*」為名販售，是 *P. vitticeps* 和 *P. rankini* 的組合，這種多產的混血兒比起內陸和侏儒鬃獅蜥壽命偏短，如果你都要付侏儒鬃獅蜥的價格了，你值得擁有一隻真正的侏儒鬃獅蜥。

再者你很可能需要至少提前一年向繁殖者預訂，因為侏儒鬃獅蜥很快就會銷售一空，預訂代表你必須要為了尚未孵化的鬃獅蜥付訂金，基本上等同於購買一個權利，等到鬃獅蜥寶寶達到可出售的狀態再取貨。聽起來可能很奇怪，但要知道很多熱門的兩棲爬蟲種類在蛋還沒孵化前就已經賣光了。

健康問題

購買侏儒鬃獅蜥之前，你必須要考慮我所說的「體質不良」，雖然侏儒鬃獅蜥已經比許多寵物蜥蜴強韌了，但牠們仍會得到多種不會影響內陸鬃獅蜥的疾病。如同我先前提過的，所有合法販售的侏儒鬃獅蜥都來自有限的血系，隨著血系裡的基因逐漸消耗，基因缺陷就會越來越明顯，自 1990 年代中期開始出現幾個肝臟發炎和肝臟細胞裂解的案例，雖然我們對這種詭異又致命的疾病還不了解，但可以知道的是，這種病在人工飼養的族群比在野外族群更盛行。

有些繁殖者將內陸鬃獅蜥與侏儒鬃獅蜥混種，生下的子代常稱為「vittikins」。

侏儒鬃獅蜥似乎也更容易感染內寄生蟲，例如球蟲、線蟲以及其他寄生蟲。如果長期遭受寄生蟲感染又缺乏適當的治療，會讓這些鬃獅蜥生病時需要更多的獸醫協助，內寄生蟲的症狀在內陸鬃獅蜥已經介紹過了，包括長期體重流失、無精打采、食慾降低、拉肚子、便祕、嘔吐以及慢性反胃，還有四肢抽搐，如果你懷疑你的侏儒鬃獅蜥受到寄生蟲感染，請立刻帶去給獸醫檢查。

當然寄生蟲不可能憑空出現，它們可能來自房間裡其他的兩棲爬蟲動物、從其他籠舍搬過來的家具或裝飾物，或是來自做為食物的小型爬蟲類，變色蜥和壁虎是內陸鬃獅蜥絕佳的蛋白質來源，常帶有一點寄生蟲，健康的內陸鬃獅蜥可能不會受到感染，但侏儒鬃獅蜥很容易就會被感染，因此不應該給侏儒鬃獅蜥吃爬蟲類。

照護

養侏儒鬃獅蜥跟內陸鬃獅蜥相當不同，對於新手來說，多虧了牠們嬌小的身材，可以養在比較小的籠舍。舉例來說，一隻成體內陸鬃獅蜥的籠舍不可小於 125 加侖（473 公升），而一隻成體侏儒鬃獅蜥可以在 70 加侖（265 公升）的缸裡獲得同樣的自由度，出生六個月內的亞成體和幼體可以住在 10 加侖（37.9 公升）的籠舍，超過之後就必須要升級成至少 20 加侖（75.7 公升）的「長型」缸──越大越好。

侏儒鬃獅蜥比牠們內陸的親戚還要更偏向地棲型，飼養空間需要更大的地板面積──高度比，需要的家具有躲藏盒、低矮的棲木和石頭，根據我自己和許多其他飼主的經驗，侏儒鬃獅蜥絕對更喜歡在圓頂的石頭上曬太陽、攀爬和休息，然而大顆的石頭很重（可能會把底部的玻璃弄破），因此可以用壓克力或塑膠石頭代替真品，園藝店和五金行有賣裝飾用的陶瓦或塑膠石頭，雖然原本用在花園裝飾，卻是侏儒鬃獅蜥很棒的曬點和攀爬物。

濕度

侏儒鬃獅蜥也比內陸鬃獅蜥喜歡更低的相對濕度，內陸鬃獅蜥可以忍受濕度50%，我建議侏儒鬃獅蜥不要高於40%，基於這個原因，根據你所在的地區可能會需要特殊的設備，例如除濕機。籠舍蓋子上裝設排風扇也有助於加速空氣流通，減少濕氣在籠舍內聚積。跟你想的一樣，侏儒鬃獅蜥籠舍裡的水盆必須要非常小，因為水盆太大會造成水蒸發量過多。

沙子是最適合侏儒鬃獅蜥的底材。

加溫和光照

侏儒鬃獅蜥比起內陸鬃獅蜥在加溫和光照的需求更高，住在澳洲中北部的牠們比起某些族群的內陸鬃獅蜥，能夠享受每天多一個小時的日照，因此牠們需要更長時間照射紫外光，至少五至六個小時無過濾的真實陽光對於侏儒鬃獅蜥長期的健康及壽命是比較好的，雖然這麼長時間的日照很不切實際，很少飼主有閒工夫每天帶著鬃獅蜥去公園散步六小時，但還是要給予每天至少十二至十五個小時的 UVA 和 UVB 照射。

加溫如你所想的一樣要提高：維持白天溫度在 85° 至 95℉（29.4° 至 35℃），曬點溫度達到 100° 至 104℉（37.8 至 40℃），夜間溫度不要下降太多；空氣溫度 75° 至 78℉（23.9° 至 25.6℃）最佳。再利用缸底加溫墊或小型陶瓷加溫器維持熱點溫度。

底材

　　底材屬於侏儒鬃獅蜥籠舍裡簡單的部分：用沙子就好。雖然內陸鬃獅蜥可以養在樹皮、椰子殼碎屑、沙子或其他乾燥的底材，但侏儒鬃獅蜥更挑剔。可以接受極細緻的不含二氧化矽砂子，然而多數專家都認同碳酸鈣沙是用來養侏儒鬃獅蜥的最佳底材，例如專為爬蟲市場開發的鈣沙。這種底材要夠深才能滿足鬃獅蜥把自己埋起來的習性，至少 3 至 4 英吋（7.6 至 10.2 公分）深的沙就足夠了。

躲藏盒

　　侏儒鬃獅蜥喜歡的躲藏盒似乎也和內陸鬃獅蜥不一樣，事實上任何形式的躲藏盒都能滿足內陸鬃獅蜥，只要能提供遮蔽和黑暗，但侏儒鬃獅蜥似乎喜歡合身的躲藏盒，能夠緊密接觸牠們的身體。我曾看過一個內陸鬃獅蜥絕對不會猶豫使用的寬敞躲藏盒，被侏儒鬃獅蜥拒絕使用，這種對於躲藏處必須合身的奇特需求可以用牠們主要的防禦機制來解釋，侏儒鬃獅蜥在野外很少到離岩洞或石崖太遠的地方冒險，當掠食者靠近時，牠們會迅速跑進最近的狹窄岩縫裡，鼓起身體，將自己牢牢地

卡在兩塊石頭中間，掠食者無法將蜥蜴撈出來，只能帶著失望和飢餓離去。為了能在人工飼養環境獲得足夠的安全感，侏儒鬃獅蜥需要至少一個或兩個狹窄的石洞，在有危險時將自己塞進去，雖然很顯然人工飼養不會遇到掠食者威脅，但無法用這個理由說服你的鬃獅蜥。

除了偏好緊身的洞穴之外，我還會給我的鬃獅蜥多個不同大小的躲藏點。半個陶土花盆和人造樹幹就足夠了，而半個煤渣磚不但是最棒的躲藏點，在上方懸掛加溫燈的話就可以同時具有曬點的功能，然而要記得在遠離熱源的地方提供足夠的躲藏點，讓鬃獅蜥能依需求調節溫度。

食物

侏儒鬃獅蜥的食物跟內陸鬃獅蜥很類似，成體的蔬菜需求量比內陸鬃獅蜥少。

繁殖

關於繁殖侏儒鬃獅蜥有好消息也有壞消息，好消息是侏儒鬃獅蜥的繁殖前調養方法和實作跟內陸鬃獅蜥完全相同，壞消息是牠們的繁殖習性差異相當大，需要特別的照顧才能確保侏儒鬃獅蜥的繁殖不會以悲劇收場。

眾所周知侏儒鬃獅蜥是鬃獅蜥家族裡的「兔子」，牠們是地球上最會生的蜥蜴之一，繁殖季時幾乎不論白天晚上都在交配。交配是如此地熱切，事實上有機會的話雄性甚至會交配到雌性死亡；持續的咬、把她拖來拖去以及粗暴的交配會讓雌性遭到嚴重的傷害。如果你想繁殖侏儒鬃獅蜥，觀察到交配行為的幾天之後要把雌性移出雄性的籠舍，不然就是要為雄性準備一個後宮，將雄性跟五隻或更多雌性放在大型的籠舍，可以確保每隻雌性在交配之間有休息的時間，後宮制也可以讓雄性的交配熱情平均分配給雌性，就不會有單一雌性太過操勞，記得要給每隻鬃獅蜥充足的空間和多個曬點、躲藏處和餵食站。

交配期間飼主必須要有仔細的雙眼和快速的反應，因為僅僅一次交

三思而後行

人工繁殖侏儒鬃獅蜥不是隨便一個飼主都能貿然執行的事，這種動物無法從澳洲進口，因此存在於寵物市場上的所有個體都是少數幾個人工繁殖血系的後代，飼主可能會讓雜交的個體汙染基因池，無意間加速寵物侏儒鬃獅蜥的崩壞，為了保護現有的侏儒鬃獅蜥血系，繁殖前必須擬定負責任且深思熟慮的繁殖計畫。

配就能讓雌性鬃獅蜥殘破不堪，基於這個原因，最好隨時緊緊盯著雄性，並且準備大量躲藏處讓雌性可以找到安全的避難所，躲避太熱情的室友。如果你的雌性受了傷，將她移出繁殖組正確照料傷口。

改良的後宮制是將數隻雌性放在個別的籠舍，只要簡單照著輪值表將雄性輪流移動即可。許多飼主都以每二十四小時調動一次獲得很好的效果以及最小的損傷，這讓雄性有足夠的時間「辦正事」，同時讓雌性受到攻擊和粗暴交配的時間不會太長。

每窩蛋的數量和成熟雌性每個繁殖季能產下的窩數，是侏儒鬃獅蜥強大繁殖力的另一個證據。三到四歲的雌性每窩可以產下多至 27 至 30 顆蛋，每次繁殖季產下五甚至六窩蛋，這代表每隻雌性單一繁殖季可以產下 180 顆蛋！

很不幸地，侏儒鬃獅蜥蛋的孵化率相較內陸鬃獅蜥驚人的低。舉例來說，雌性侏儒鬃獅蜥一個繁殖季下了 100 顆蛋，能孵化的不超過 85 顆，低孵化率很少是飼主的錯，也不是孵蛋器的問題，侏儒鬃獅蜥的天性就是會在每窩產下很多水蛋、空包蛋和總之就是不健康的蛋。正確的產前調養、飲食、運動和鈣質／礦物質補充可幫助把空包蛋數量降到最低，但飼主必須要隨時關注孵化中的蛋，儘速移除未受精的蛋或死蛋。

等到蛋都產完以及移除所有水蛋之後，依據你孵蛋的溫度，孵化時間大約需要 65 至 90 天：82°至 86°F（27.8°至 30℃）是可以接受的範圍，穩定 84°F（28.9℃）最為理想。維持孵蛋箱內的相對濕度在 75 至 85%。

養育幼體

　　蛋孵化之後，侏儒鬃獅蜥和內陸鬃獅蜥之間一個令人毛骨悚然的差異將會浮現，內陸鬃獅蜥的幼體孵化後可以混養幾個禮拜甚至幾個月，**但侏儒鬃獅蜥幼體絕對不可以混養**，牠們同類相食的天性在爬蟲界惡名昭彰，侏儒鬃獅蜥生下來就有很大的胃口以及吃掉兄弟姐妹的本能！甚至是孵化後的短短 48 至 72 小時內，侏儒鬃獅蜥寶寶就會開始互相攻擊獵食，腳趾被咬斷、尾巴被咬掉，甚至是全身被吃掉都有可能發生，一旦其中一隻受傷了開始流血，其餘的餓死鬼就會群起獵殺，雖然同類相殘致死的狀況不常見，但確實會發生。

　　侏儒鬃獅蜥同類相食的衝動大概持續到至少四個月到六個月大，到了這個年紀，牠們將不再把對方視為食物，避免你的鬃獅蜥吃別人或被吃的最好方法是打從一出生就分開飼養。

　　新生兒剛出生大約 1.5 至 2 英吋（3.8 至 5.1 公分）長，如果餵食得當，在達到十至十一個月性成熟之前成長都很迅速（甚至比內陸鬃獅蜥還快），跟內陸鬃獅蜥同樣的道理，最好不要讓雌性侏儒鬃獅蜥第一年就繁殖，等到第二年再讓她繁殖有助於維持她的健康，同時也降低爛蛋的機率。

　　一切都考慮周全之後，侏儒鬃獅蜥是很棒的寵物，雖然有一點難養，繁殖的習性不太一樣，但牠們仍是進階飼主的絕佳選項，投入一些時間、照顧和理解，侏儒鬃獅蜥所帶來的滿足和回報絕對不亞於內陸鬃獅蜥。

圖片來源：

瑪麗安 · 培根：1, 18, 30, 43, 封面

J. 巴薩里尼：56, 74, 79, 83, 84

R.D. 巴特雷：10, 117

亞當 · 布雷克（感謝 The Gourmet Rodent 提供）：22, 81, 97, 99, 105, 108, 111

艾倫 .R. 包斯：76, 119

I. 法蘭西：3, 16, 17, 20, 32, 34, 36, 40, 42, 45, 59, 61, 62, 65, 66, 70, 71, 72, 90, 92, 101, 102

P. 弗里德：11, 55, 87

U. E. 法莉瑟：28, 50, 53, 54

艾瑞克 · 羅薩：52

G. & C. 梅克：6, 24, 37, 48, 107, 109, 112, 114

J. 梅里：14, 60

傑洛德 . E. 摩爾：68, 96

K. H. 斯維塔克：7

馬雷塔 M. 沃斯：4, 15, 26, 38, 80, 86, 95, 封底

晨星寵物館重視與每位讀者交流的機會，
若您對以下回函內容有興趣，
歡迎掃描QRcode填寫線上回函，
即享「晨星網路書店Ecoupon優惠券」一張！
也可以直接填寫回函，
拍照後私訊給 FB【晨星出版寵物館】

◆ 讀 者 回 函 卡 ◆

姓名：＿＿＿＿＿＿＿＿＿　　性別：□男　□女　生日：西元　　　／　　／

教育程度：□國小 □國中 □高中/職 □大學/專科 □碩士 □博士

職業：□ 學生　　　　□公教人員　　□企業/商業　□醫藥護理　□電子資訊
　　　□文化/媒體　　□家庭主婦　　□製造業　　　□軍警消　　□農林漁牧
　　　□ 餐飲業　　　□旅遊業　　　□創作/作家　□自由業　　□其他＿＿＿＿

* 必填 E-mail：＿＿＿＿＿＿＿＿＿＿＿＿＿＿＿　聯絡電話：＿＿＿＿＿＿＿＿

聯絡地址：□□□＿＿＿＿＿＿＿＿＿＿＿＿＿＿＿＿＿＿＿＿＿＿＿＿＿

購買書名：**鬃獅蜥：飼養環境、餵食、繁殖、健康照護一本通！**

· 本書於那個通路購買？ □博客來 □誠品 □金石堂 □晨星網路書店 □其他＿＿＿

· 促使您購買此書的原因？

□於 ＿＿＿＿＿ 書店尋找新知時　□親朋好友拍胸脯保證　□受文案或海報吸引

□看＿＿＿＿＿＿＿網路平台分享介紹　□翻閱 ＿＿＿＿＿＿ 報章雜誌時瞄到

□其他編輯萬萬想不到的過程：＿＿＿＿＿＿＿＿＿＿＿＿＿＿＿＿＿＿＿

· 怎樣的書最能吸引您呢？

□封面設計　□內容主題　□文案　□價格　□贈品　□作者　□其他＿＿＿＿

· 您喜歡的寵物題材是？

□狗狗　□貓咪　□老鼠　□兔子　□鳥類　□刺蝟　□蜜袋鼯

□貂　　□魚類　□烏龜　□蛇類　□蛙類　□蜥蜴　□其他＿＿＿＿

□寵物行為　□寵物心理　□寵物飼養　□寵物飲食　□寵物圖鑑

□寵物醫學　□寵物小說　□寵物寫真書 □寵物圖文書　□其他＿＿＿＿

· 請勾選您的閱讀嗜好：

□文學小說　□社科史哲　□健康醫療　□心理勵志　□商管財經　□語言學習

□休閒旅遊　□生活娛樂　□宗教命理　□親子童書　□兩性情慾　□圖文插畫

□寵物　　　□科普　　　□自然　　　□設計/生活雜藝　　□其他＿＿＿＿

國家圖書館出版品預行編目資料

鬃獅蜥：飼養環境、餵食、繁殖、健康照護一本通！
/ 菲利浦・玻瑟（Philip Purser）著；蔣尚恩譯 . --
初版 . -- 臺中市：晨星 , 2020.03
面； 公分 . --（寵物館；91）

譯自：Complete herp care bearded dragons

ISBN 978-986-443-960-7（平裝）

1. 爬蟲類 2. 寵物飼養

388.7921   108021510

寵物館 91

鬃獅蜥：
飼養環境、餵食、繁殖、健康照護一本通！

作者	菲利浦・玻瑟（Philip Purser）
譯者	蔣尚恩
編輯	邱韻臻
美術設計	黃偵瑜
封面設計	言忍巾貞工作室

創辦人	陳銘民
發行所	晨星出版有限公司 407 台中市西屯區工業 30 路 1 號 1 樓 TEL：04-23595820　FAX：04-23550581 行政院新聞局版台業字第 2500 號
法律顧問	陳思成律師
初版一刷	西元 2020 年 3 月 25 日
二刷	西元 2023 年 11 月 5 日

讀者專線	TEL：02-23672044 / 04-23595819#212 FAX：02-23635741 / 04-23595493 E-mail：service@morningstar.com.tw
網路書店	http：//www.morningstar.com.tw
郵政劃撥	15060393（知己圖書股份有限公司）

印刷	上好印刷股份有限公司

定價380元
ISBN 978-986-443-960-7

Complete Herp Care Bearded Dragons
Published by TFH Publications, Inc.
© 2006 TFH Publications, Inc.
All rights reserved.